中等职业学校计算机系列教材

zhongdeng zhiye xuexiao jisuanji xilie jiaocai

Premiere Pro CS4 视频编辑项目教程

魏哲 主编

赵丽英 武宏 杨旭望 金庆杰 副主编

人民邮电出版社

北京

图书在版编目（ＣＩＰ）数据

Premiere Pro CS4视频编辑项目教程 / 魏哲主编
. -- 北京：人民邮电出版社，2013.3（2019.12 重印）
中等职业学校计算机系列教材
ISBN 978-7-115-29613-9

Ⅰ. ①P… Ⅱ. ①魏… Ⅲ. ①视频编辑软件－中等专
业学校－教材 Ⅳ. ①TN94

中国版本图书馆CIP数据核字(2012)第317664号

内 容 提 要

本书以 Premiere 在影视编辑领域的应用为主线，采用项目教学方式，介绍 Premiere Pro CS4 的安装和基本操作、如何使用 Premiere Pro CS4 制作电视节目包装、电子相册、电视纪录片、电视广告、电视节目、音乐 MV 等内容。

本书适合作为中等职业学校计算机应用专业、多媒体专业、平面广告设计专业等与计算机设计相关的专业教材，也可以作为视频编辑爱好者的参考书。

中等职业学校计算机系列教材
Premiere Pro CS4 视频编辑项目教程

◆ 主　　编　魏　哲
　　副主编　赵丽英　武　宏　杨旭望　金庆杰
　　责任编辑　王　平

◆ 人民邮电出版社出版发行　　北京市丰台区成寿寺路 11 号
　　邮编　100164　　电子邮件　315@ptpress.com.cn
　　网址　http://www.ptpress.com.cn
　　大厂聚鑫印刷有限责任公司印刷

◆ 开本：787×1092　1/16
　　印张：14.25　　　　　　　2013 年 3 月第 1 版
　　字数：368 千字　　　　　2019 年 12 月河北第 14 次印刷

ISBN 978-7-115-29613-9

定价：29.00 元

读者服务热线：**(010) 81055256**　印装质量热线：**(010) 81055316**
反盗版热线：**(010) 81055315**
广告经营许可证：京东工商广登字 20170147 号

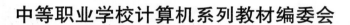

中等职业教育是我国职业教育的重要组成部分，中等职业教育的培养目标定位于具有综合职业能力，在生产、服务、技术和管理第一线工作的高素质的劳动者。

随着我国职业教育的发展，教育教学改革的不断深入，由国家教育部组织的中等职业教育新一轮教育教学改革已经开始。根据教育部颁布的《教育部关于进一步深化中等职业教育教学改革的若干意见》的文件精神，坚持以就业为导向、以学生为本的原则，针对中等职业学校计算机教学思路与方法的不断改革和创新，人民邮电出版社精心策划了《中等职业学校计算机系列教材》。

本套教材注重中职学校的授课情况及学生的认知特点，在内容上加大了与实际应用相结合案例的编写比例，突出基础知识、基本技能。为了满足不同学校的教学要求，本套教材中的 4 个系列，分别采用 3 种教学形式编写。

- 《中等职业学校计算机系列教材——项目教学》：采用项目任务的教学形式，目的是提高学生的学习兴趣，使学生在积极主动地解决问题的过程中掌握就业岗位技能。
- 《中等职业学校计算机系列教材——精品系列》：采用典型案例的教学形式，力求在理论知识"够用为度"的基础上，使学生学到实用的基础知识和技能。
- 《中等职业学校计算机系列教材——机房上课版》：采用机房上课的教学形式，内容体现在机房上课的教学组织特点，学生在边学边练中掌握实际技能。
- 《中等职业学校计算机系列教材——网络专业》：网络专业主干课程的教材，采用项目教学的方式，注重学生动手能力的培养。

为了方便教学，我们免费为选用本套教材的老师提供教学辅助资源，教师可以登录人民邮电出版社教学服务与资源网（http://www.ptpedu.com.cn）下载相关资源，内容包括如下。

- 教材的电子课件。
- 教材中所有案例素材及案例效果图。
- 教材的习题答案。
- 教材中案例的源代码。

在教材使用中有什么意见或建议，均可直接与我们联系，电子邮件地址是 wangping@ptpress.com.cn。

中等职业学校计算机系列教材编委会

2012 年 11 月

Premiere 是由 Adobe 公司开发的影视编辑软件。它功能强大、易学易用，深受广大影视制作爱好者和影视后期编辑人员的喜爱，已经成为这一领域最流行的软件之一。目前计算机应用专业、多媒体专业、平面设计专业等与计算机相关的专业，均开设了此课程。但是，授课教师苦于难寻这种软件的实际应用案例，而使授课质量受到影响，学生只能掌握简单的软件操作，而做实际项目的能力不强，满足不了岗位的实际需求。针对这一实际情况，作者在多年实践经验基础上，编写了这本项目教程，书中引用大量的实际案例，不仅讲解软件使用技巧，而且重点培养学生实际操作技能，为今后就业打下基础。

本书采用项目教学法编写，按照项目制作→综合实训项目练习→课后实战演练顺序编写，以制作电视节目包装、制作电子相册、制作电视纪录片、制作电视广告、制作电视节目、制作音乐 MV 6 个项目的步骤讲解引导软件知识的介绍。在详细介绍每个项目制作步骤后，还设计了综合实训项目，将前面讲到的知识点进行了融合，每个项目最后，安排 2 个课后练习题目，使学生在学习完后，可以检验学习的成效。

本书免费为授课老师提供教学辅助资源，老师可以登录人民邮电出版社教学服务与资源网下载资源，http://www.ptpedu.com.cn。

本课程的教学时数为 54 学时，各项目的参考教学课时见下表。

项　目	课　程　内　容	课 时 分 配（学时）	
		讲授	实践训练
项目一	初识 Premiere Pro CS4	4	
项目二	制作电视节目包装	6	4
项目三	制作电子相册	5	2
项目四	制作电视纪录片	6	2
项目五	制作电视广告	6	4
项目六	制作电视节目	6	2
项目七	制作音乐 MV	3	4
课 时 总 计		36	18

本书由魏哲担任主编，赵丽英、武宏、杨旭望、金庆杰担任副主编，参加本书编写的还有周建国、葛润平、张敏娜、张文达、张丽丽、张旭、吕娜、陈东生、周亚宁、程磊等。

由于作者水平有限，书中难免存在疏漏之处，敬请广大读者指正。

编者

2012 年 10 月

目 录

项目一

初识 Premiere Pro CS4

本项目对 Premiere Pro CS4 的概述、基本操作进行详细讲解。通过对本项目的学习，读者可以快速地了解并掌握 Premiere Pro CS4 的入门知识，为后续项目的学习打下坚实的基础。

学习目标

Premiere Pro CS4 概述。
Premiere Pro CS4 基本操作。

任务一 安装 Premiere Pro CS4 并汉化

1.1.1 安装 Premiere Pro CS4

双击 Premiere Pro CS4 的安装程序，弹出如图 1-1 所示的初始化窗口。初始化完成后，弹出如图 1-2 所示的安装-欢迎窗口。在窗口中输入需要的序列号，若无序列号，可试用软件，但只可试用 30 天，设置完成后，单击"下一步"按钮。

图 1-1   图 1-2

弹出如图 1-3 所示的许可协议对话框，阅读协议后，单击"接受"按钮，弹出如图 1-4 所示的安装选项对话框，在此对话框中可以自定义安装选项、安装语言和安装位置，设置完成后，单击"安装"按钮。

图 1-3 图 1-4

弹出如图 1-5 所示的安装进度对话框，安装进度完成后，弹出如图 1-6 所示的注册信息对话框，添加完相关信息后，单击"Register Now"按钮。

 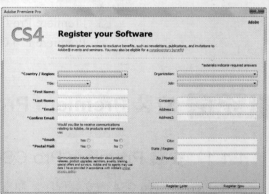

图 1-5 图 1-6

进入如图 1-7 所示的安装-完成对话框，单击"退出"按钮即可。Premiere Pro CS4 安装完成。

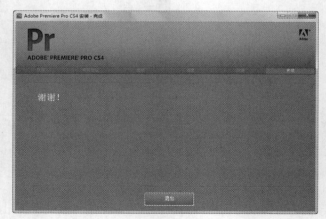

图 1-7

1.1.2 安装汉化程序

双击 Premiere Pro CS4 的汉化安装程序，弹出如图 1-8 所示的安装对话框，单击"下一步"按钮。弹出如图 1-9 所示的许可协议对话框。阅读协议后选择"我同意此协议"选项，单击"下一步"按钮。

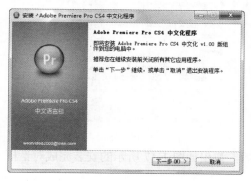

图 1-8

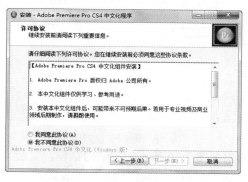

图 1-9

弹出如图 1-10 所示的安装信息提示，仔细阅读后，单击"下一步"按钮。弹出如图 1-11 所示的目标位置选择对话框，设置完成后，单击"下一步"按钮。

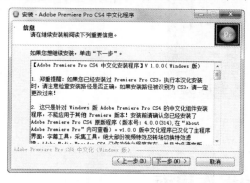

图 1-10

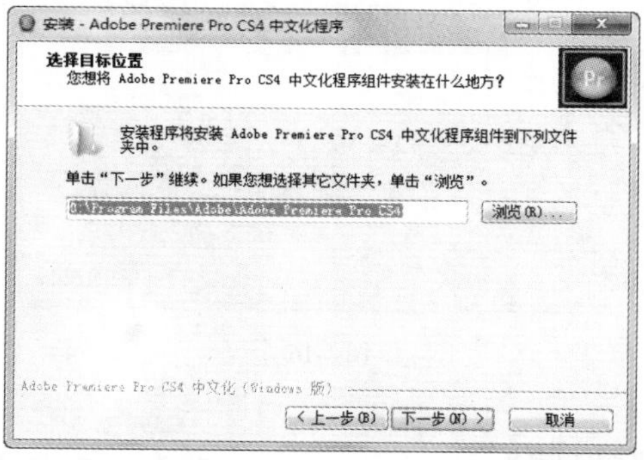

图 1-11

弹出如图 1-12 所示的组件选择对话框，设置完成后，单击"下一步"按钮。弹出如图 1-13 所示的快捷菜单存储位置选择，设置完成后，单击"下一步"按钮。

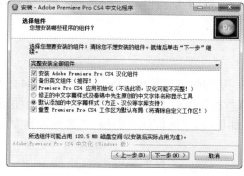

图 1-12

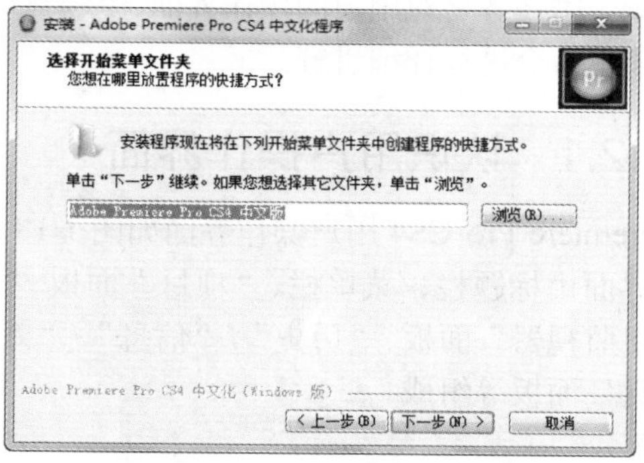

图 1-13

弹出如图 1-14 所示的附加任务选择对话框，选取完成后，单击"下一步"按钮。弹出如图 1-15 所示的准备安装对话框，若有需要修改的信息，单击"上一步"按钮进行修改。若相关信息无误，单击"下一步"按钮。

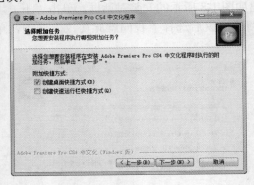

图 1-14   图 1-15

弹出如图 1-16 所示的安装对话框，安装完成后，弹出如图 1-17 所示的安装完成对话框，单击"完成"按钮，完成汉化程序的安装。

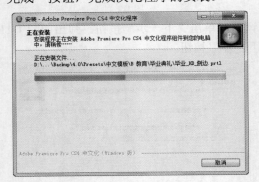 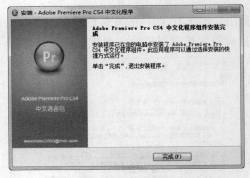

图 1-16   图 1-17

任务二 Premiere Pro CS4 的操作界面

初学 Premiere Pro CS4 的读者在启动 Premiere Pro CS4 后，可能会对工作窗口或面板感到束手无策。本任务将对用户的操作界面、"项目"面板、"时间线"面板、"监视器"面板和其他面板及菜单命令进行详细讲解。

1.2.1 认识用户操作界面

Premiere Pro CS4 用户操作界面如图 1-18 所示，从图中可以看出，Premiere Pro CS4 的用户操作界面由标题栏、菜单栏、"项目"面板、"来源监视器"/"特效控制"/"调音台"面板组、"节目监视器"面板、"历史"/"信息"/"效果"面板组、"时间线"面板、"音频控制"面板、"工具"面板等组成。

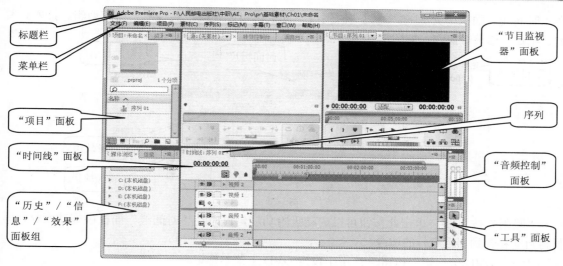

图 1-18

1.2.2 熟悉"项目"面板

　　"项目"面板主要用于输入、组织和存放供"时间线"面板编辑合成的原始素材,如图 1-19 所示。该面板主要由素材预览区、素材目录栏和面板工具栏 3 部分组成。

　　在素材预览区用户可预览选中的原始素材,同时还可查看素材的基本属性,如素材的名称、媒体格式、视音频信息、数据量等。

　　在"项目"面板下方的工具栏中共有 7 个功能按钮,从左至右分别为"列表显示"按钮[≡]、"图标显示"按钮[▭]、"自动排序"按钮[▥]、"查找"按钮[◌]、"文件夹"按钮[▭]、"新建项目"按钮[▤]和"清除"按钮[▥]。各按钮的含义如下。

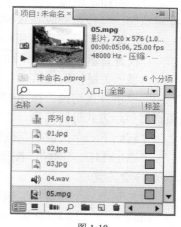

图 1-19

　　"列表显示"按钮[≡]:单击此按钮可以将素材窗中的素材以列表形式显示。

　　"图标显示"按钮[▭]:单击此按钮可以将素材窗中的素材以图标形式显示。

　　"自动排序"按钮[▥]:单击此按钮可以将素材自动调整到时间线。

　　"查找"按钮[◌]:单击此按钮可以按提示快速查找素材。

　　"文件夹"按钮[▭]:单击此按钮可以新建文件夹以便管理素材。

　　"新建项目"按钮[▤]:分类文件中包含多项不同素材的名称文件,单击此按钮可以为素材添加分类,以便更有序地进行管理。

　　"清除"按钮[▥]:选中不需要的文件,单击此按钮,即可将其删除。

1.2.3 认识"时间线"面板

　　"时间线"面板是 Premiere Pro CS4 的核心部分,在编辑影片的过程中,大部分工作都是在"时间线"面板中完成的。通过"时间线"面板，可以轻松地实现对素材的剪辑、插入、复制、粘贴、修整等操作，如图 1-20 所示。

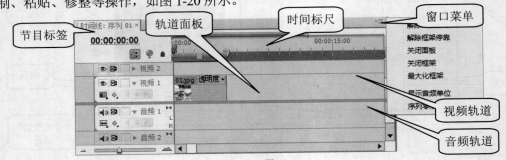

图 1-20

"吸附"按钮：单击此按钮可以启动吸附功能，这时在"时间线"面板中拖动素材，素材将自动粘合到邻近素材的边缘。

"设定 DVD 节标记"按钮：用于设定 DVD 主菜单标记。

"可视属性"按钮：单击此按钮设置是否在监视窗口显示该影片。

"音频静音"按钮：激活该按钮，可以播放声音，反之则是静音。

"切换锁定轨道"按钮：单击该按钮，当按钮变成状时，当前轨道被锁定，处于不能编辑状态；当按钮变成状时，可以编辑操作该轨道。

"隐藏/展开轨道"按钮：隐藏/展开视频轨道工具栏或音频轨道工具栏。

"设置显示样式"按钮：单击此按钮将弹出下拉菜单，在菜单中可选择显示命令。

"显示关键帧"按钮：单击此按钮选择显示当前关键帧的方式。

"显示方式切换"按钮：单击该按钮，弹出下拉菜单，在菜单中可以根据需要对音频轨道素材显示方式进行选择。

"转到下一个关键帧"按钮：设置时间指针定位在被选素材轨道的下一个关键帧上。

"添加/移除关键帧"按钮：在时间指针所处的位置上，在轨道中被选素材的当前位置上添加/移除关键帧。

"转到上一个关键帧"按钮：设置时间指针定位在被选素材轨道的上一个关键帧上。

滑块：放大/缩小音频轨中关键帧的显示程度。

"设置未编号标记按钮（Num*）"按钮：单击此按钮，在当前帧的位置上设置标记。

时间码 00:00:00:00：在这里显示播放影片的进度。

节目标签：单击相应的标签可以在不同的节目间相互切换。

轨道面板：对轨道的退缩、锁定等参数进行设置。

时间标尺：对剪辑的组进行时间定位。

窗口菜单：对时间单位及剪辑参数进行设置。

视频轨道：为影片进行视频剪辑的轨道。

音频轨道：为影片进行音频剪辑的轨道。

1.2.4 认识"监视器"面板

监视器窗口分为"素材源"窗口和"节目"窗口，分别如图 1-21 和图 1-22 所示，所有编辑或未编辑的影片片段都在此显示效果。

图 1-21

图 1-22

"设置入点"按钮：设置当前影片位置的起始点。

"设置出点"按钮：设置当前影片位置的结束点。

"设置未编号标记"按钮：设置影片片段未编号标记。

"跳转到前一标记"按钮：调整时差滑块移动到当前位置的前一个标记处。

"步进（Right）"按钮：此按钮是对素材进行逐帧播放的控制按钮。每单击一次该按钮，播放就会前进 1 帧，按住<Shift>键的同时单击此按钮，每次前进 5 帧。

"播放/停止切换（Space）"按钮／：控制监视器窗口中素材的时候，单击此按钮，会从监视窗口中时间标记的当前位置开始播放；在"Program"（节目）监视器窗口中，在播放时按<J>键可以进行倒播。

"步退（Left）"按钮：此按钮是对素材进行逐帧倒播的控制按钮，每单击一次该按钮，播放就会后退一帧，按住<Shift>键的同时单击此按钮，每次后退 5 帧。

"跳转到下一标记"按钮：调整时差滑块移动到当前位置的下一个标记处。

"循环"按钮：是控制循环播放的按钮。单击此按钮，监视窗口就会不断循环播放素材，直至按下停止按钮。

"安全框"按钮：单击该按钮为影片设置安全边界线，以防影片画面太大播放不完整，再次单击可隐藏安全线。

"输出"按钮：单击此按钮可在弹出的菜单中对导出的形式和质量进行设置。

"跳转到入点"按钮：单击此按钮，可将时间标记移到起始点位置。

"跳转到出点"按钮：单击此按钮，可将时间标记移到结束点位置。

"播放入点到出点"按钮：单击此按钮，播放素材时，只在定义的入点到出点之间播放素材。

"飞梭"滑块：在播放影片时，拖曳中间的滑块，可以改变影片播放速度，滑块离中心点越近，播放速度越慢，反之则越快。向左拖曳将倒放影片，向右拖曳将正播影片。

"微调"：将鼠标指针移动到它的上面，单击并按住鼠标左右拖曳，可以仔细地搜索影片中的某个片段。

"插入"按钮：单击此按钮，当插入一段影片时，重叠的片段将后移。

"覆盖"按钮：单击此按钮，当插入一段影片时，重叠的片段将被覆盖。

"跳转到前一编辑点"按钮：表示到同一轨道上当前编辑点的前一个编辑点。

7

"跳转到下一编辑点"按钮：表示到同一轨道上当前编辑点的后一个编辑点。

"提升"按钮：用于将轨道上入点与出点之间的内容删除，删除之后仍留有空间。

"提取"按钮：用于将轨道上入点与出点之间的内容删除，删除之后不留空间，后面的素材会自动连接前面的素材。

"修整监视器"按钮：单击此按钮，弹出"修整"面板，可修整每一帧的影视画面效果。

1.2.5　其他功能面板概述

除了以上介绍的面板，在 Premiere Pro CS4 中还提供了其他一些方便编辑操作的功能面板，下面逐一进行介绍。

1. "效果"面板

"效果"面板存放着 Premiere Pro CS4 自带的各种音频、视频特效和预设的特效，这些特效按照功能分为 5 大类，包括音频特效、视频特效、音频切换效果、视频切换效果及预置特效，每一大类又按照效果细分为很多小类，如图 1-23 所示。用户安装的第三方特效插件也将出现在该面板的相应类别文件中。

默认设置下，"效果"面板与"历史"面板、"信息"面板合并为一个面板组，单击"效果"标签，即可切换到"效果"面板。

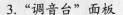

图 1-23

2. "特效控制台"面板

同"效果"面板一样，在 Premiere Pro CS4 的默认设置下，"特效控制台"与"素材源"监视器面板、"调音台"面板合为一个面板组。"特效控制台"面板主要用于控制对象的运动、透明度、切换、特效等设置，如图 1-24 所示。当为某一段素材添加了音频、视频或转场特效后，就需要在该面板中进行相应的参数设置和添加关键帧，画面的运动特效也在这里进行设置，该面板会根据素材和特效的不同显示不同的内容。

3. "调音台"面板

该面板可以更加有效地调节项目的音频，还可以实时混合各轨道的音频对象，如图 1-25 所示。

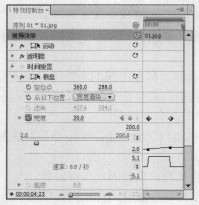

图 1-24

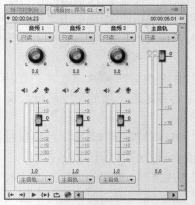

图 1-25

4."历史"面板

"历史"面板可以记录用户从建立项目开始以来进行的所有操作，如果在执行了错误操作后单击该面板中相应的命令，即可撤销错误操作并重新返回到错误操作之前的某一个状态，如图 1-26 所示。

5."信息"面板

在 Premiere Pro CS4 中，"信息"面板作为一个独立面板显示，其主要功能是集中显示所选定素材对象的各项信息。不同对象，"信息"面板的内容也不尽相同，如图 1-27 所示。

默认设置下，"信息"面板是空白的，如果在"时间线"面板中放入一个素材并选中它，"信息"面板将显示选中素材的信息，如果有过渡，则显示过渡的信息；如果选定的是一段视频素材，"信息"面板将显示该素材的类型、持续时间、帧速率、入点、出点及光标的位置；如果是静止图片，"信息"面板将显示素材的类型、持续时间、帧速率、开始点、结束点及光标的位置。

图 1-26

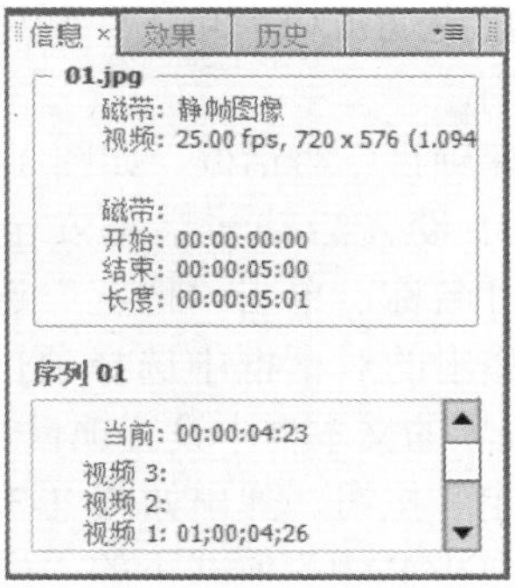

图 1-27

6."工具"面板

"工具"面板主要用来对时间线中的音频、视频等内容进行编辑，如图 1-28 所示。

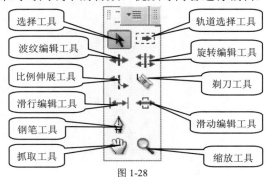

图 1-28

任务三 Premiere Pro CS4 的基本操作

在本任务中将详细介绍项目文件的处理，如新建项目文件、打开现有项目文件；对象的操作，如素材的导入、移动、删除、对齐等。这些基本操作对于后期的制作至关重要。

1.3.1 项目文件操作

在启动 Premiere Pro CS4 开始进行影视制作时，必须首先创建新的项目文件或打开已存在的项目文件，这是 Premiere Pro CS4 最基本的操作之一。

1. 新建项目文件

新建项目文件分为两种：一种是启动 Premiere Pro CS4 时直接新建一个项目文件，另一种是在 Premiere Pro CS4 已经启动的情况下新建项目文件。

2. 在启动 Premiere Pro CS4 时新建项目文件

在启动 Premiere Pro CS4 时新建项目文件的具体操作步骤如下。

图 1-29

（1）选择"开始 > 所有程序 > Adobe Premiere Pro CS4"命令，或双击桌面上的 Adobe Premiere Pro CS4 快捷图标，弹出启动窗口，单击"新建项目"按钮 ，如图 1-29 所示。

（2）弹出"新建项目"对话框，如图 1-30 所示。在"常规"选项卡中设置活动与字幕安全区域及视频、音频、采集项目名称，单击"位置"选项右侧的"浏览"按钮，在弹出的对话框中选择项目文件保存路径。在"名称"选项的文本框中设置项目名称。

（3）单击"确定"按钮，弹出如图 1-31 所示的对话框。在"有效预置"选项区域中选择项目文件格式，如"DV-PAL"制式下的"标准 48kHz"，此时，在"预置描述"选项区域中将列出相应的项目信息。单击"确定"按钮，即可创建一个新的项目文件。

图 1-30

图 1-31

3. 利用菜单命令新建项目文件

如果 Premiere Pro CS4 已经启动，可利用菜单命令新建项目文件，具体操作步骤如下。

选择"文件 > 新建 > 项目"命令,如图 1-32 所示,或按<Ctrl>+<Alt>+<N>组合键,在弹出的"新建项目"对话框中按照上述方法选择合适的设置,单击"确定"按钮即可。

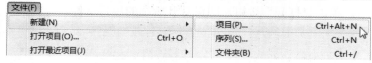

图 1-32

如果正在编辑某个项目文件,此时要采用这一方法新建项目文件,则系统会将当前正在编辑的项目文件关闭,因此,在采用此方法新建项目文件之前一定要保存当前的项目文件,防止数据丢失。

4. 打开已有的项目文件

要打开一个已存在的项目文件进行编辑或修改,可以使用如下 4 种方法。

(1)通过启动窗口打开项目文件。启动 Premiere Pro CS4,在弹出的启动窗口中单击"打开项目"按钮,如图 1-33 所示,在弹出的对话框中选择需要打开的项目文件,如图 1-34 所示,单击"打开"按钮,即可打开已选择的项目文件。

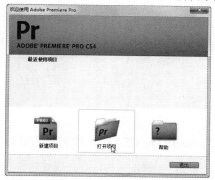

图 1-33

图 1-34

(2)通过启动窗口打开最近编辑过的项目文件。启动 Premiere Pro CS4,在弹出的启动窗口的"最近使用项目"选项中单击需要打开的项目文件,如图 1-35 所示,打开最近保存过的项目文件。

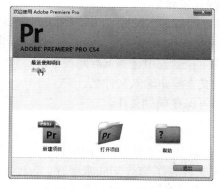

图 1-35

（3）利用菜单命令打开项目文件。在 Premiere Pro CS4 程序窗口中选择"文件 > 打开项目"命令，如图 1-36 所示，或按<Ctrl>+<O>组合键，在弹出的对话框中选择需要打开的项目文件，如图 1-37 所示，单击"打开"按钮，即可打开所选的项目文件。

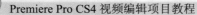

图 1-36   图 1-37

（4）利用菜单命令打开近期的项目文件。Premiere Pro CS4 会将近期打开过的文件保存在"文件"菜单中，选择"文件 > 打开最近项目"命令，在其子菜单中选择需要打开的项目文件，如图 1-38 所示，即可打开所选的项目文件。

图 1-38

5. 保存项目文件

文件的保存是文件编辑的重要环节，在 Adobe Premiere Pro CS4 中，以何种方式保存文件对图像文件以后的使用有直接的关系。

刚启动 Premiere Pro CS4 软件时，系统会提示用户先保存一个设置了参数的项目，因此，对于编辑过的项目，直接选择"文件 > 保存"命令或按<Ctrl>+<S>组合键，即可直接保存。另外，系统还会隔一段时间自动保存一次项目。

除此方法外，Premiere Pro CS4 还提供了"另存为"和"保存副本"命令。

保存项目文件副本的具体操作步骤如下。

（1）选择"文件 > 另存为"命令（或按<Ctrl>+<Shift>+<S>组合键），或者选择"文件 > 保存副本"命令（或按<Ctrl>+<Alt>+<S>组合键），弹出"保存项目"对话框。

（2）在"保存在"选项的下拉列表中选择保存路径。

（3）在"文件名"选项的文本框中输入文件名。

（4）单击"保存"按钮即可保存项目文件。

6. 关闭项目文件

如果要关闭当前项目文件，选择"文件 > 关闭项目"命令即可。其中，如果对当前文件作了修改却尚未保存，系统将会弹出如图 1-39 所示的提示对话框，询问是否要保

图 1-39

存该项目文件所作的修改。单击"是"按钮，保存项目文件；单击"否"按钮，则不保存文件并直接退出项目文件。

1.3.2　撤销与恢复操作

通常情况下，一个完整的项目需要经过反复地调整、修改与比较才能完成，因此，Premiere Pro CS4 为用户提供了"撤销"与"恢复"命令。

在编辑视频或音频时，如果用户的上一步操作是错误的，或对操作得到的效果不满意，选择"编辑 > 撤销"命令即可撤销该操作，如果连续选择此命令，则可连续撤销前面的多步操作。

如果取消撤销操作，可选择"编辑 > 重做"命令。例如，删除一个素材，通过"撤销"命令来撤销操作后，如果还想将这些素材片段删除，则只要选择"编辑 > 重做"命令即可。

1.3.3　设置自动保存

设置自动保存功能的具体操作步骤如下。

（1）选择"编辑 > 参数 > 自动保存"命令，弹出"参数"对话框，如图 1-40 所示。

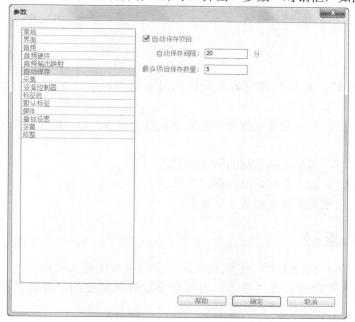

图 1-40

（2）在对话框的"自动保存"选项区域中，根据需要设置"自动保存间隔"及"最多项目保存数量"的数值，如在"自动保存间隔"文本框中输入 20，在"最多项目保存数量"文本框中输入 5，即表示每隔 20min 将自动保存一次，而且只存储最后 5 次存盘的项目文件。

（3）设置完成后，单击"确定"按钮退出对话框，返回到工作界面。这样，在以后的编辑过程中，系统就会按照设置的参数自动保存文件，用户就可以不必担心由于意外而造成工作数据的丢失。

1.3.4　自定义设置

Premiere Pro CS4 预置设置为影片剪辑人员提供了常用的 DV-NTSC 和 DV-PAL 设置。如果需要自定义项目设置，则可在对话框中切换到相应的选项卡进行参数设置；如果运行 Premiere Pro CS4 过程中需要改变项目设置，则需选择"项目 > 项目设置"命令。

在"常规"选项卡中，可以对影片的编辑模式、时间基数、视频、音频等基本指标进行设置，如图 1-41 所示。

图 1-41

"字幕安全区域"：可以设置字幕安全框的显示范围，以"帧大小"设置数值的百分比计算。

"活动安全区域"：在此设置动作影像的安全框显示范围，以"帧大小"设置数值的百分比计算。

"视频显示格式"：显示视频素材的格式信息。

"音频显示格式"：显示音频素材的格式信息。

"采集格式"：用来设置设备参数及采集方式。

1.3.5　导入素材

Premiere Pro CS4 支持大部分主流的视频、音频以及图像文件格式，一般的导入方式为选择"文件 > 导入"命令，在"导入"对话框中选择所需要的文件格式和文件即可，如图 1-42 所示。

1. 导入图层文件

以素材的方式导入图层的设置方法如下：选择"文件 > 导入"命令，在"导入"对话框中选择 Photoshop、Illustrator 等含有图层的文件格式，选择需要导入的文件，单击"打开"按钮，会弹出如图 1-43 所示的提示对话框。

"导入为"：设置 PSD 图层素材导入的方式，可选择"合并所有图层"、"合并图层"、"单个图层"或"序列"。

存该项目文件所作的修改。单击"是"按钮，保存项目文件；单击"否"按钮，则不保存文件并直接退出项目文件。

1.3.2 撤销与恢复操作

通常情况下，一个完整的项目需要经过反复地调整、修改与比较才能完成，因此，Premiere Pro CS4 为用户提供了"撤销"与"恢复"命令。

在编辑视频或音频时，如果用户的上一步操作是错误的，或对操作得到的效果不满意，选择"编辑 > 撤销"命令即可撤销该操作，如果连续选择此命令，则可连续撤销前面的多步操作。

如果取消撤销操作，可选择"编辑 > 重做"命令。例如，删除一个素材，通过"撤销"命令来撤销操作后，如果还想将这些素材片段删除，则只要选择"编辑 > 重做"命令即可。

1.3.3 设置自动保存

设置自动保存功能的具体操作步骤如下。

（1）选择"编辑 > 参数 > 自动保存"命令，弹出"参数"对话框，如图 1-40 所示。

图 1-40

（2）在对话框的"自动保存"选项区域中，根据需要设置"自动保存间隔"及"最多项目保存数量"的数值，如在"自动保存间隔"文本框中输入 20，在"最多项目保存数量"文本框中输入 5，即表示每隔 20min 将自动保存一次，而且只存储最后 5 次存盘的项目文件。

（3）设置完成后，单击"确定"按钮退出对话框，返回到工作界面。这样，在以后的编辑过程中，系统就会按照设置的参数自动保存文件，用户就可以不必担心由于意外而造成工作数据的丢失。

1.3.4　自定义设置

Premiere Pro CS4 预置设置为影片剪辑人员提供了常用的 DV-NTSC 和 DV-PAL 设置。如果需要自定义项目设置，则可在对话框中切换到相应的选项卡进行参数设置；如果运行 Premiere Pro CS4 过程中需要改变项目设置，则需选择"项目 > 项目设置"命令。

在"常规"选项卡中，可以对影片的编辑模式、时间基数、视频、音频等基本指标进行设置，如图 1-41 所示。

图 1-41

"字幕安全区域"：可以设置字幕安全框的显示范围，以"帧大小"设置数值的百分比计算。

"活动安全区域"：在此设置动作影像的安全框显示范围，以"帧大小"设置数值的百分比计算。

"视频显示格式"：显示视频素材的格式信息。

"音频显示格式"：显示音频素材的格式信息。

"采集格式"：用来设置设备参数及采集方式。

1.3.5　导入素材

Premiere Pro CS4 支持大部分主流的视频、音频以及图像文件格式，一般的导入方式为选择"文件 > 导入"命令，在"导入"对话框中选择所需要的文件格式和文件即可，如图 1-42 所示。

1. 导入图层文件

以素材的方式导入图层的设置方法如下：选择"文件 > 导入"命令，在"导入"对话框中选择 Photoshop、Illustrator 等含有图层的文件格式，选择需要导入的文件，单击"打开"按钮，会弹出如图 1-43 所示的提示对话框。

"导入为"：设置 PSD 图层素材导入的方式，可选择"合并所有图层"、"合并图层"、"单个图层"或"序列"。

 14

图 1-42   图 1-43

以素材的方式导入图层文件的时候,可以选择导入某个图层或者合并图层。

本例选择"序列"选项,如图 1-44 所示,单击"确定"按钮,在"项目"窗口中会自动产生一个文件夹,其中包括序列文件和图层素材,如图 1-45 所示。

以序列的方式导入图层后,会按照图层的排列方式自动产生一个序列,可以打开该序列设置动画,进行编辑。

图 1-44   图 1-45

2. 导入图片

序列文件是一种非常重要的源素材,它由若干幅按序排列的图片组成,记录活动影片,每幅图片代表 1 帧。通常可以在 3ds Max、After Effects、Combustion 软件中产生序列文件,然后再导入 Premiere Pro CS4 中使用。

序列文件以数字序号为序进行排列。当导入序列文件时,应在首选项对话框中设置图片的帧速率,也可以在导入序列文件后,在解释素材对话框中改变帧速率。导入序列文件的方法如下。

（1）在"项目"窗口的空白区域双击，弹出"导入"对话框，找到序列文件所在的目录，勾选"已编号静帧图像"复选框，如图 1-46 所示。

（2）单击"打开"按钮，导入素材。序列文件导入后的状态如图 1-47 所示。

图 1-46   图 1-47

1.3.6   定义影片

对于项目的素材文件，可以通过定义影片来修改其属性。在"项目"窗口中的素材上单击鼠标右键，在弹出的快捷菜单中选择"定义影片"命令，弹出"定义影片"对话框，如图 1-48 所示。

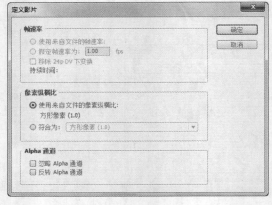

图 1-48

1. 设置帧速率

在"帧速率"选项区域中可以设置影片的帧速率。选择"使用来自文件的帧速率"，则使用影片的原始帧速率，剪辑人员也可以在"假定帧速率为"选项的数值框中输入新的帧速率，下方的"持续时间"选项显示影片的长度。改变帧速率，影片的长度也会发生改变。

2. 设置屏纵横

一般情况下，选择"使用来自文件的像素纵横比"选项，使用影片素材的原像素宽高比。剪辑人员也可以通过"符合为"选项的下拉列表重新指定像素宽高比。

如果在一个显示方形像素的显示器上显示矩形像素并不作处理，则会出现变形现象。

3. 设置透明通道

可以在"Alpha 通道"选项区域中对素材的透明通道进行设置，在 Premiere Pro CS4 中导入带有透明通道的文件时，会自动识别该通道。勾选"忽略 Alpha 通道"复选框，忽略 Alpha 通道；勾选"反转 Alpha 通道"复选框，保存透明通道中的信息，同时也保存可见的 RGB 通道中的相同信息。

视频编辑除了使用标准的颜色深度外，还可以使用 32 位颜色深度。32 位颜色实际上是在 24 位颜色深度的基础上添加了一个 8 位的灰度通道，为每一个像素存储透明度信息。这个 8 位灰度通道被为 Alpha 通道。如果素材的透明通道解释错误，有时候会出现一些问题。若图解释错误，则出现绿边；若图正确解释，则显示正常。

4. 观察素材属性

Premiere Pro CS4 提供了属性分析功能，利用该功能，剪辑人员可以了解素材的详细信息，包括素材的片段延时、文件大小、平均速率等。在"项目"窗口或者序列中的素材上单击鼠标右键，在弹出的快捷菜单中选择"属性"命令，弹出"属性"对话框，如图 1-49 所示。

在该对话框中详细列出了当前素材的各项属性，如源素材路径、文件数据量、媒体格式、帧尺寸、持续时间、使用状况等。数据图表中水平轴以帧为单位列出对象的持续时间，垂直轴显示对象每一个时间单位的数据率和采样率。

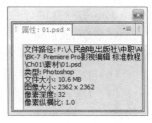
图 1-49

1.3.7 改变素材名称

在"项目"窗口中的素材上单击鼠标右键，在弹出的快捷菜单中选择"重命名"命令，素材会处于可编辑状态，输入新名称即可，如图 1-50 所示。

剪辑人员可以给素材重命名以改变它原来的名称，这在一部影片中重复使用一个素材或复制了一个素材并为之设定新的入点和出点时极其有用。给素材重命名有助于在"项目"窗口和序列中观看一个复制的素材时避免混淆。

图 1-50

任务四 Premiere Pro CS4 的输出设置

1.4.1 Premiere Pro CS4 可输出的文件格式

在 Premiere Pro CS4 中，可以输出多种文件格式，包括视频格式、音频格式、静态图像、序列图像等，下面进行详细介绍。

1. 可输出的视频格式

在 Premiere Pro CS4 中可以输出多种视频格式，常用的有以下几种。

（1）AVI：AVI 是 Audio Video Interleaved 的缩写，是 Windows 操作系统中使用的视频文件格式，它的优点是兼容性好、图像质量好、调用方便，缺点是文件尺寸较大。

（2）Animated GIF：GIF 是动画格式的文件，可以显示视频运动画面，但不包含音频部分。

（3）Fic/Fli：支持系统的静态画面或动画。

（4）Filmstrip：电影胶片（也称为幻灯片影片），但不包括音频部分。该类文件可以通过 Photoshop 等软件进行画面效果处理，然后再导入到 Premiere Pro CS4 中进行编辑输出。

（5）QuickTime：用于 Windows 和 Mac OS 系统上的视频文件，适合于网上下载。该文件格式是由 Apple 公司开发的。

（6）DVD：DVD 是使用 DVD 刻录机及 DVD 空白光盘刻录而成的。

（7）DV：DV 的全称是 Digital Video，它是新一代数字录像带的规格，具有体积小、时间长的优点。

2. 可输出的音频格式

在 Premiere Pro CS4 中可以输出多种音频格式，其主要输出的音频格式有以下几种。

（1）WAV：WAV 的全称是 Windows Media Audio，WMA 音频文件是一种压缩的离散文件或流式文件。它采用的压缩技术与 MP3 压缩原理近似，但它并不削减大量的编码。WMA 最主要的优点是可以在较低的采样率下压缩出近于 CD 音质的音乐。

（2）MPEG：MPEG（动态图像专家组）创建于 1988 年，专门负责为 CD 建立视频和音频标准。

（3）MP3：MP3 是 MPEG Audio Layer3 的简称，它能够以高音质、低采样率对数字音频文件进行压缩。

此外，Premiere Pro CS4 还可以输出 DV AVI、Real Media 和 QuickTime 格式的音频。

3. 可输出的图像格式

在 Premiere Pro CS4 中可以输出多种图像格式，其主要输出的图像格式有以下几种。

（1）静态图像格式：Film Strip、FLC/FLI、Targa、TIFF 和 Windows Bitmap。

（2）序列图像格式：GIF Sequence、Targa Sequence 和 Windows Bitmap Sequence。

1.4.2 影片项目的预演

影片预演是视频编辑过程中对编辑效果进行检查的重要手段，它实际上也属于编辑工作的一部分。影片预演分为两种，一种是实时预演，另一种是生成预演，下面分别进行介绍。

1. 影片实时预演

实时预演，也称为实时预览，即平时所说的预览。具体操作步骤如下。

（1）影片编辑制作完成后，在"时间线"面板中将时间标记移动到需要预演的片段开始位置，如图 1-51 所示。

（2）在"节目"监视器窗口中单击"播放-停止切换（Space）"按钮 ▶，系统开始播放节目，在"节目"监视器窗口中预览节目的最终效果，如图 1-52 所示。

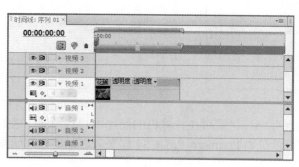

图 1-51

图 1-52

2. 生成影片预演

与实时预演不同的是，生成影片预演不是使用显卡对画面进行实时演染，而是计算机的 CPU 对画面进行运算，先生成预演文件，然后再播放。因此，生成影片预演取决于计算机 CPU 的运算能力。生成预演播放的画面是平滑的，不会产生停顿或跳跃，所表现出来的画面效果和渲染输出的效果是完全一致的。生成影片预演的具体操作步骤如下。

（1）影片编辑制作完成以后，在"时间线"面板中拖曳工具区范围条 的两端，以确定要生成影片预演的范围，如图 1-53 所示。

（2）选择"序列 > 渲染工作区内的效果"命令，系统将开始进行渲染，并弹出"渲染"对话框显示渲染进度，如图 1-54 所示。

图 1-53

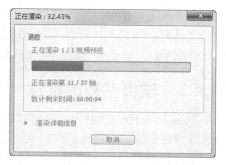

图 1-54

（3）渲染结束后，系统会自动播放该片段，在"时间线"面板中，预演部分将会显示绿色线条，其他部分则保持为红色线条，如图 1-55 所示。

说明 在"渲染"对话框中单击"Render Details"选项前面的▷按钮，展开此选项区域，可以查看渲染的时间、磁盘剩余空间等信息，如图 1-56 所示。

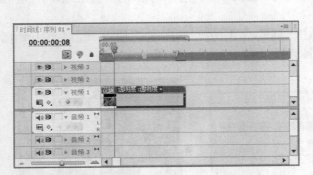
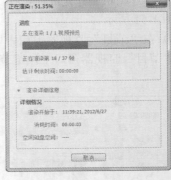

图 1-55　　　　　　　　　　　　　　　　图 1-56

（4）如果用户先设置了预演文件的保存路径，就可在计算机的硬盘中找到预演生成的临时文件，如图 1-57 所示。双击该文件，则可以脱离 Premiere Pro CS4 程序来进行播放，如图 1-58所示。

图 1-57　　　　　　　　　　　　　　　　图 1-58

生成的预演文件可以重复使用，用户下一次预演该片段时会自动使用该预演文件。在关闭该项目文件时，如果不进行保存，预演生成的临时文件会自动删除；如果用户在修改预演区域片段后再次预演，就会重新渲染并生成新的预演临时文件。

1.4.3　输出参数的设置

在 Premiere Pro CS4 中，既可以将影片输出为用于电影或电视中播放的录像带，也可以输出为通过网络传输的网络流媒体格式，还可以输出为可以制作 VCD 或 DVD 光盘的 AVI 文件等。但无论输出的是何种类型，在输出文件之前，都必须合理地设置相关的输出参数，使输出的影片达到理想的效果。本小节以输出 AVI 格式为例，介绍输出前的参数设置方法，其他格式类型的输出设置与此类型基本相同。

1. 输出选项

影片制作完成后即可输出，在输出影片之前，可以设置一些基本参数，其具体操作步骤如下。

在"时间线"窗口选择需要输出的视频序列，选择"文件 > 导出 > 媒体"命令，在弹出的对话框中进行设置，如图1-59所示。

用户可以将输出的数字电影设置为不同的格式，以便适应不同的需要。在"格式"选项的下拉列表中，可以输出的媒体格式如图1-60所示。

图 1-59

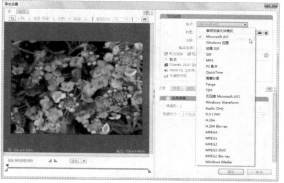

图 1-60

在 Premiere Pro CS4 中默认的输出文件类型或格式主要有以下几种。

（1）如果要输出为基于 Windows 操作系统的数字电影，则选择"Microsoft AVI"（Windows 格式的视频格式）选项。

（2）如果要输出为基于 Mac OS 操作系统的数字电影，则选择"QuickTime"（MAC 视频格式）选项。

（3）如果要输出 GIF 动画，则选择"Animated GIF"选项，即输出的文件连续存储了视频的每一帧，这种格式支持在网页上以动画形式显示，但不支持声音播放。若选择"GIF"选项，则只能输出为单帧的静态图像序列。

（4）如果只是输出为 WAV 格式的影片声音文件，则选择"Windows Waveform"选项。

（5）如果要输出为一组带有序列号的图片，则选择"Targe"选项。输出为序列图片后，可以使用胶片记录器将帧转换为电影，也可以在 Photoshop 等其他图像处理软件中编辑序列图片，然后再导入到 Premiere 中进行编辑。输出的静帧序列文件格式包括 TIFF、Targe、GIF 和 Windows Bitmap。

勾选"导出视频"复选框，可输出整个编辑项目的视频部分；若取消选择，则不能输出视频部分。

勾选"导出音频"复选框，可输出整个编辑项目的音频部分；若取消选择，则不能输出音频部分。

2. "视频"选项区域

在对话框中选择"视频"选项，切换到"视频"选项区域，如图1-61所示。

"视频"选项区域中各主要选项含义如下。

"视频编解码器"：通常视频文件的数据量很大，为了减少所占的磁盘空间，在输出时可以对文件进行压缩。在该选项的下拉列表中选择需要的压缩方式，如图1-62所示。

"品质"：设置影片的压缩品质，通过拖动品质的百分比来设置。

"宽度"/"高度"：设置影片的尺寸。我国使用PAL制，选择720×576。

"帧速率"：设置每秒播放画面的帧数，提高帧速度会使画面播放得更流畅。如果将文件类型设置为Microsoft DV AVI，那么DV PAL对应的帧速是固定的29.97和25；如果将文件类型设置为Microsoft AVI，那么帧速可以选择从1～60的数值。

"场类型"：设置影片的场扫描方式，有上场、下场和无场3种方式。

"纵横比"：设置视频制式的画面比。单击该选项右侧的按钮，在弹出的下拉列表中选择需要的选项，如图1-63所示。

图1-61

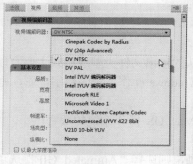

图1-62

图1-63

3. "音频"选项区域

在对话框中选择"音频"选项，切换到"音频"选项区域，如图1-64所示。在"音频"选项区域中，可以为输出的音频指定使用的压缩方式、采样速率、量化指标等相关的选项参数。

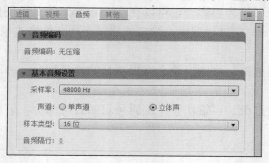

图1-64

"音频"选项区域中各主要选项含义如下。

"音频编码"：为输出的音频选项选择合适的压缩方式进行压缩。Premiere Pro CS4 默认的选项是"无压缩"。

"采样率"：设置输出节目音频时所使用的采样速率。采样速率越高，播放质量越好，但所需的磁盘空间越大，占用的处理时间越长。一般应设置为高于 40 100Hz（相当于 CD 音质）而不低于 32 000 Hz。

"样本类型"：设置输出节目音频时所使用的声音量化倍数，最高要提供 32bit。一般地，要获得较好的音频质量就要使用较高的量化位数。

"声道"：在该选项的下拉列表中可以为音频选择单声道或立体声。

1.4.4　渲染输出各种格式文件

Premiere Pro CS4 可以渲染输出各种格式文件，如图 1-65 所示，本小节重点介绍各种常用格式文件的渲染输出方法。

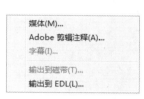

图 1-65

1. 输出单帧图像

在视频编辑中，可以将画面的某一帧输出，以便给视频动画制作定格效果。Premiere Pro CS4 中输出单帧图像的具体操作步骤如下。

（1）在 Premiere Pro CS4 的时间线上添加一段视频文件，选择"文件 > 导出 > 媒体"命令，弹出"导出设置"对话框，在"格式"选项的下拉列表中选择"TIFF"选项，在"预置"选项的下拉列表中选择"PAL TIFF"选项，在"输出名称"文本框中输入文件名并设置文件的保存路径，勾选"导出视频"复选框，其他参数保持默认状态，如图 1-66 所示。

（2）单击"确定"按钮，打开"Adobe Media Encoder"窗口，单击右侧的"Start Queue"按钮渲染输出视频，如图 1-67 所示。

输出单帧图像时，最关键的是时间指针的定位，它决定了单帧输出时的图像内容。

图 1-66

图 1-67

2. 输出音频文件

Premiere Pro CS4 可以将影片中的一段声音或影片中的歌曲制作成音乐光盘等文件。输出音频文件的具体操作步骤如下。

（1）在 Premiere Pro CS4 的时间线上添加一个有声音的视频文件或打开一个有声音的项目文件，选择"文件 > 导出 > 媒体"命令，弹出"导出设置"对话框，在"格式"选项的下拉列表中选择"MP3"选项，在"预置"选项的下拉列表中选择"MP3 128kbps"选项，在"输出名称"文本框中输入文件名并设置文件的保存路径，勾选"导出音频"复选框，其他参数保持默认状态，如图 1-68 所示。

（2）单击"确定"按钮，打开"Adobe Media Encoder"窗口，单击右侧的"Start Queue"按钮渲染输出音频，如图 1-69 所示。

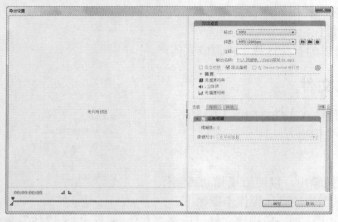

图 1-68   图 1-69

3. 输出整个影片

输出影片是最常用的输出方式，将编辑完成的项目文件以视频格式输出，可以输出编辑内容的全部或者某一部分，也可以只输出视频内容或者只输出音频内容，一般将全部的视频和音频一起输出。

下面以 Microsoft AVI 格式为例，介绍输出影片的方法，其具体操作步骤如下。

（1）选择"文件 > 打开项目"命令，打开一个项目文件。选择"文件 > 导出 > 媒体"命令，弹出"导出设置"对话框，如图 1-70 所示。

图 1-70

（2）在"格式"选项的下拉列表中选择"Microsoft AVI"选项，如图 1-71 所示。在"预置"选项的下拉列表中选择"PAL DV"选项，如图 1-72 所示。

图 1-71   图 1-72

（3）在"输出名称"文本框中输入文件名并设置文件的保存路径，勾选"导出视频"复选框和"导出音频"复选框。

（4）在"导出设置"对话框右侧的列表中选择"视频"选项，切换到"视频"选项区域。单击"视频编解码器"选项右侧的按钮，在弹出的下拉列表中选择可以输出采用的编码器，如图1-73 所示。

（5）设置完成后，单击"确定"按钮，打开"Adobe Media Encoder"窗口，单击右侧的"Start Queue"按钮渲染输出视频，如图 1-74 所示。渲染完成后，即可生成所设置的 AVI 格式的影片。

图 1-73   图 1-74

4. 输出静态图片序列

在 Premiere Pro CS4 中，可以将视频输出为静态图片序列，也就是说将视频画面的每一帧都输出为一张静态图片，这一系列图片中每张都具有一个自动编号。这些输出的序列图片可用于3D 软件中的动态贴图，并且可以移动和存储。

输出图片序列的具体操作步骤如下。

（1）在 Premiere Pro CS4 的时间线上添加一段视频文件，设定只输出视频的一部分内容，如图 1-75 所示。

（2）选择"文件 > 导出 > 媒体"命令，弹出"导出设置"对话框，在"格式"选项的下拉列表中选择"Targa"选项，在"预置"选项的下拉列表中选择"PAL Targa"选项，在"输出名称"文本框中输入文件名并设置文件的保存路径，勾选"导出视频"复选框，在"视频"扩展参数面板中必须勾选"导出为序列"复选框，其他参数保持默认状态，如图 1-76 所示。

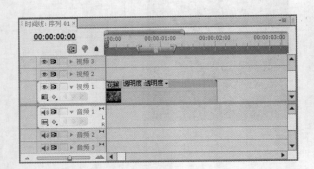

图 1-75

图 1-76

（3）单击"确定"按钮，打开"Adobe Media Encoder"窗口，单击右侧的"开始队列"按钮渲染输出视频，如图 1-77 所示。输出完成后的静态图片序列文件如图 1-78 所示。

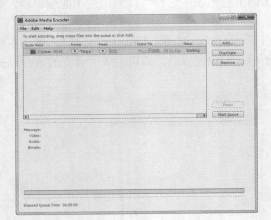

图 1-77

图 1-78

项目二

制作电视节目包装

本项目对 Premiere Pro CS4 中剪辑影片的基本技术和操作进行详细介绍，其中包括打开、裁剪和切割素材，以及使用 Premiere Pro CS4 创建新元素的多种方式等。通过本项目的学习，读者可以掌握剪辑技术的使用方法和应用技巧。

学习目标

使用 Premiere Pro CS4 剪辑素材。
使用 Premiere Pro CS4 创建新元素。

任务一 剪辑素材

在 Premiere Pro CS4 中的编辑过程是非线性的，可以在任何时候插入、复制、替换、传递和删除素材片段，还可以采取各种各样的顺序和效果进行试验，并在合成最终影片或输出到磁带前进行预演。

用户在 Premiere Pro CS4 中使用监视器窗口和"时间线"窗口编辑素材。监视器窗口用于观看素材和完成的影片，设置素材的入点、出点等；"时间线"窗口用于建立序列、安排素材、分离素材、插入素材、合成素材、混合音频等。使用监视器窗口和"时间线"窗口编辑影片时，同时还会使用一些相关的其他窗口和面板。

在一般情况下，Premiere Pro CS4 会从头至尾地播放一个音频素材或视频素材。用户可以使用剪辑窗口或监视器窗口改变一个素材的开始帧和结束帧或改变静止图像素材的长度。Premiere Pro CS4 中的监视器窗口可以对原始素材和序列进行剪辑。

2.1.1 认识监视器窗口

在监视器窗口中有两个监视器："源"监视器窗口与"节目"监视器窗口，分别用来显示素材与作品在编辑时的状况，左边为"源"窗口，显示和设置节目中的素材；右边为"节目"窗口，显示和设置序列。监视器窗口如图 2-1 所示。

在"源"监视器窗口中，单击上方的标题栏或黑色三角按钮，将弹出下拉列表，列表中提供了已经调入"时间线"窗口中的素材序列表，通过它可以更加快速方便地浏览素材的基本情况，如图 2-2 所示。

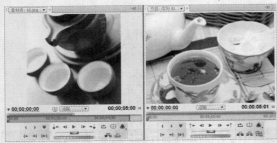

图 2-1　　　　　　　　　　　　　　　　　图 2-2

用户可以在"源"监视器和"节目"监视器窗口中设置安全区域，这对输出为电视机播放的影片非常有用。

电视机在播放视频图像时，屏幕的边缘会切除部分图像，这种现象叫做"溢出扫描"。不同的电视机溢出的扫描量不同，所以要把图像的重要部分放在安全区域内。在制作影片时，需要将重要的场景元素、演员、图表放在运动安全区域内；将标题、字幕放在标题安全区域内。如图 2-3 所示，位于工作区域外侧的方框为运动安全区域，位于内侧的方框为标题安全区域。

图 2-3

单击"源"监视器窗口或"节目"监视器窗口下方的"安全框"按钮，可以显示或隐藏监视器窗口中的安全区域。

2.1.2　剪裁素材

剪辑可以增加或删除帧以改变素材的长度。素材开始帧的位置被称为入点，素材结束帧的位置被称为出点。用户可以在"源/节目"监视器窗口和"时间线"窗口剪裁素材。

1. 在"素材源"监视器窗口剪裁素材

在"素材源"监视器窗口中改变入点和出点的方法如下。

（1）在"节目"监视器窗口双击要设置入点和出点的素材，将其在"源"监视器窗口中打开。

（2）在"源"监视器窗口中拖动时间标记或按空格键，找到要使用的片段的开始位置。

（3）单击"源"监视器窗口下方的"设置入点"按钮或按<I>键，"源"监视器窗口中显示当前素材入点画面，"素材"监视器窗口右上方显示入点标记，如图 2-4 所示。

（4）继续播放影片，找到使用片段的结束位置。单击"源"监视器窗口下方"设置出点"按钮或按<O>键，窗口下方显示当前素材出点。入点和出点间显示为深色，两点之间的片段即入点与出点间的素材片段，如图 2-5 所示。

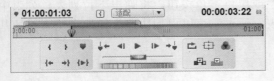

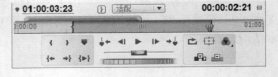

图 2-4　　　　　　　　　　　　　　　　　图 2-5

（5）单击"跳转到前一标记"按钮，可以自动跳到影片的入点位置，单击"跳转到下一标记"按钮，可以自动跳到影片出点的位置。

当声音同步要求非常严格时，用户可以为音频素材设置高精度的入点。音频素材的入点可以使用高达 1/600s 的精度来调节。对于音频素材，入点和出点指示器出现在波形图相应的点处，如图 2-6 所示。

当用户将一个同时含有影像和声音的素材拖曳入"时间线"窗口时，该素材的音频和视频部分会被放到相应的轨道中。

用户在为素材设置入点和出点时，对素材的音频和视频部分同时有效，也可以为素材的视频和音频部分单独设置入点和出点。

为素材的视频或音频单独设置入点和出点的方法如下。

（1）在"素材源"监视器窗口中选择要设置入点和出点的素材。

（2）播放影片，找到使用片段的开始位置或结束位置。

（3）用鼠标右键单击窗口中的标记，在弹出的快捷菜单中选择"设置素材标记"命令，如图 2-7 所示。

（4）在弹出的子菜单中分别设置链接素材的入点和出点，在"源"监视器窗口和"时间线"窗口中的形状分别如图 2-8 和图 2-9 所示。

图 2-6

图 2-7

图 2-8

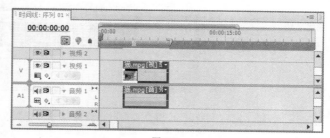

图 2-9

2. 在"时间线"窗口中剪辑素材

Premiere Pro CS4 提供了 4 种编辑片段的工具，分别是"轨道选择"工具、"滑动"工具、"错落"工具和"滚动编辑"工具。下面介绍如何应用这些编辑工具。

"轨道选择"工具可以调整一个片段在其轨道中的持续时间，而不会影响其他片段的持续时间，但会影响到整个节目片段的时间。具体操作步骤如下。

（1）选择"轨道选择"工具 ，在"时间线"窗口中单击需要编辑的某一个片段。

（2）将鼠标指针移动到两个片段的"出点"与"入点"相接处，即两个片段的连接处，左右拖曳鼠标编辑影片片段，如图 2-10 和图 2-11 所示。

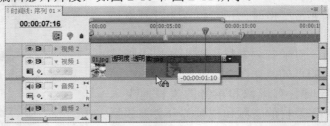

图 2-10

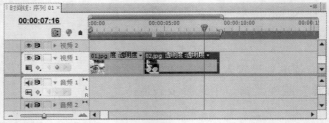

图 2-11

（3）释放鼠标后，需要调整的片段持续时间被调整，轨道上的其他片段持续时间不会变，但整个节目所持续的时间随着调整片段的增加或缩短而发生了相应的变化。

"滑动"工具 可以使两个片段的入点与出点发生本质上的位移，并不影响片段持续时间与节目的整体持续时间，但会影响编辑片段之前或之后的持续时间，迫使前面或后面的影片片段出点与入点发生改变。具体操作步骤如下。

（1）选择"滑动"工具 ，在"时间线"窗口中单击需要编辑的某一个片段。

（2）将鼠标指针移动到两个片段的结合处，当鼠标指针呈 状时，左右拖曳鼠标对其进行编辑工作，如图 2-12 和图 2-13 所示。

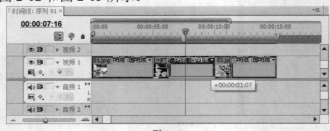

图 2-12

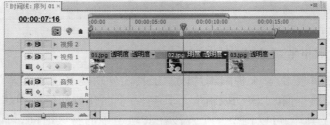

图 2-13

（3）在拖曳过程中，监视器窗口中将会显示被调整片段的出点与入点以及未被编辑的出点与入点。

　　"错落"工具 ⟷ 编辑影片片段时，会更改片段的入点与出点，但它的持续时间不会改变，并不会影响其他片段的入点时间、出点时间，节目总的持续时间也不会发生任何改变。具体操作步骤如下。

　　（1）选择"错落"工具 ⟷，在"时间线"窗口中单击需要编辑的某一个片段。

　　（2）将鼠标指针移动到两个片段的结合处，当鼠标指针呈 ⟷ 状时，左右拖曳鼠标对其进行编辑工作，如图 2-14 所示。

　　（3）在拖曳鼠标时，监视器窗口中将会依次显示上一片段的出点和后一片段的入点，同时显示画面帧数，如图 2-15 所示。

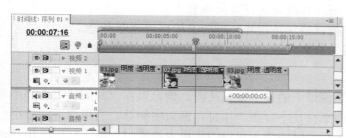

图 2-14

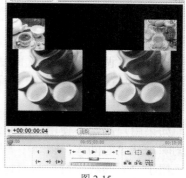

图 2-15

　　"滚动编辑"工具 ⊞ 编辑影片片段，片段时间的增长或缩短会由其相接片段进行替补。在编辑过程中，整个节目的持续时间不会发生任何改变，该编辑方法同时影响其轨道上的片段在时间轨中的位置。具体操作步骤如下。

　　（1）选择"滚动编辑"工具 ⊞，在"时间线"窗口中单击需要编辑的某一个片段。

　　（2）将鼠标指针移动到两个片段的结合处，当鼠标指针呈 ⊞ 状时，左右拖曳鼠标进行编辑工作，如图 2-16 所示。

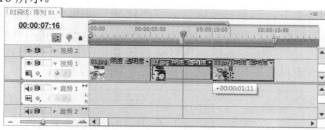

图 2-16

　　（3）释放鼠标后，被修整片段的帧增加或减少会引起相邻片段的变化，但整个节目的持续时间不会发生任何改变。

3．改变影片的速度

　　在 Premiere Pro CS4 中，用户可以根据需求随意更改片段的播放速度，具体操作步骤如下。

　　（1）在"时间线"窗口中的某一文件上单击鼠标右键，在弹出的菜单中选择"速度/持续时间"命令，弹出如图 2-17 所示的对话框。

"速度"：在此设置播放速度的百分比，以此决定影片的播放速度。

"持续时间"：单击选项右侧的时间码，当时间码变为如图 2-18 所示时，在此导入时间值。时间值越长，影片播放的速度越慢；时间值越短，影片播放的速度越快。

图 2-17   图 2-18

"倒放速度"：勾选此复选框，影片片段将向反方向播放。

"保持音调不变"：勾选此复选框，将保持影片片段的音频播放速度不变。

（2）设置完成后，单击"确定"按钮完成更改持续时间的任务，返回到主页面。

4．删除素材

如果用户决定不使用"时间线"窗口中的某个素材片段，则可以在"时间线"窗口中将其删除。从"时间线"窗口中删除的素材并不会在"项目"窗口中删除。当用户删除一个已经运用于"时间线"窗口的素材后，在"时间线"窗口的轨道上该素材处留下空位。用户也可以选择波纹删除，将该素材轨道上的内容向左移动，覆盖被删除的素材留下的空位。

删除素材的方法如下。

（1）在"时间线"窗口中选择一个或多个素材。

（2）按<Delete>键或选择"编辑 > 清除"命令。

2.1.3　切割素材

在 Premiere Pro CS4 中，当素材被添加到"时间线"面板中的轨道后，必须对此素材进行分割才能进行后面的操作，可以应用工具箱中的剃刀工具来完成。具体操作步骤如下。

（1）选择"剃刀"工具。将鼠标指针移到需要切割影片片段的"时间线"窗口中的某一素材上并单击，该素材即被切割为两个素材，如图 2-19 所示。

图 2-19

（2）如果要将多个轨道上的素材在同一点分割，则同时按住<Shift>键，会显示多重刀片，轨道上所未锁定的素材都在该位置被分割为两段，如图 2-20 所示。

图 2-20

2.1.4　实训项目：日出与日落

【案例知识要点】

使用"导入"命令导入视频文件。使用"位置"、"缩放比例"选项编辑视频文件的位置与大小。使用"交叉叠化"命令制作视频之间的转场效果。日出与日落效果如图 2-21 所示。

图 2-21

【案例操作步骤】

1. 编辑视频文件

(1) 启动 Premiere Pro CS4 软件，弹出"欢迎使用 Adobe Premiere Pro"欢迎界面，单击"新建项目"按钮 ，弹出"新建项目"对话框。设置"位置"选项，选择保存文件路径，在"名称"文本框中输入文件名"日出与日落"，如图 2-22 所示。单击"确定"按钮，弹出"新建序列"对话框，在左侧的列表中展开"DV-PAL"选项，选中"标准48kHz"模式，如图 2-23 所示，单击"确定"按钮。

图 2-22

图 2-23

(2) 选择"文件 > 导入"命令，弹出"导入"对话框，选择素材中的"项目二\日出与日落\素材\ 01、02、03、04 和 05"文件，单击"打开"按钮导入视频文件，如图 2-24 所示。导入后的文件排列在"项目"面板中，如图 2-25 所示。

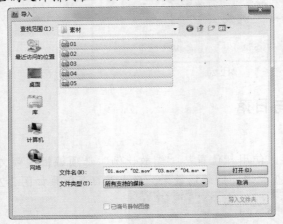
图 2-24

图 2-25

(3) 在"项目"面板中，选中"01"文件并将其拖曳到"时间线"窗口中的"视频 1"轨道中，如图 2-26 所示。将时间指示器放置在 7s 的位置，在"视频 1"轨道上选中"01"文件，将鼠标指针放在"01"文件的尾部，当鼠标指针呈┿状时，向前拖曳鼠标到 7s 的位置，如图 2-27 所示。

图 2-26

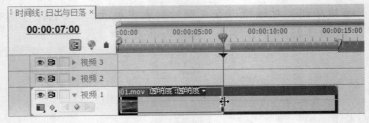
图 2-27

(4) 在"项目"面板中，选中"02"文件并将其拖曳到"时间线"窗口中的"视频 1"轨道中，如图 2-28 所示。将时间指示器放置在 8:16s 的位置，选择"特效控制台"面板，展开"运动"选项，单击"位置"和"缩放比例"选项前面的记录动画按钮🕙，如图 2-29 所示，记录第 1 个动画关键帧。将时间指示器放置在 15s 的位置，将"缩放比例"选项设置为 120，如图 2-30 所示，记录第 2 个动画关键帧。

图 2-28

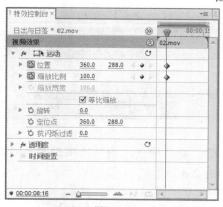

图 2-29

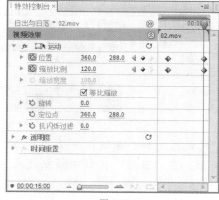

图 2-30

(5) 在"项目"面板中，选中"04"文件并将其拖曳到"时间线"窗口中的"视频 1"轨道中，如图 2-31 所示。将时间指示器放置在 20s 的位置，在"视频 1"轨道上选中"04"文件，将鼠标指针放在"04"文件的尾部，当鼠标指针呈 ╋ 状时，向前拖曳鼠标到 20s 的位置，如图 2-32 所示。

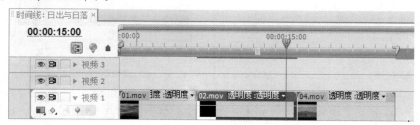

图 2-31

图 2-32

(6) 在"项目"面板中，选中"03"文件并将其拖曳到"时间线"窗口中的"视频 1"轨道中，如图 2-33 所示。将时间指示器放置在 27s 的位置，在"视频 1"轨道上选中"03"文件，将鼠标指针放在"03"文件的尾部，当鼠标指针呈 ╋ 状时，向前拖曳鼠标到 27s 的位置，如图 2-34 所示。

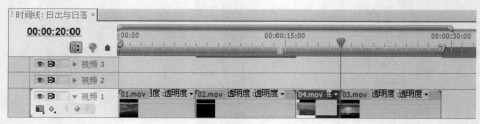

图 2-33

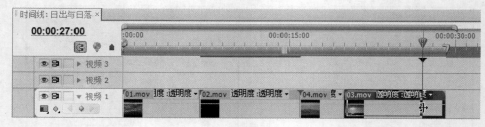

图 2-34

(7) 选择"特效控制台"面板，展开"运动"选项，将"缩放比例"选项设置为 120，如图 2-35 所示。在"节目"窗口中预览效果，如图 2-36 所示。

图 2-35

图 2-36

(8) 在"项目"面板中，选中"05"文件并将其拖曳到"时间线"窗口中的"视频 1"轨道中，如图 2-37 所示。将时间指示器放置在 34s 的位置，在"视频 1"轨道上选中"05"文件，将鼠标指针放在"05"文件的尾部，当鼠标指针呈┪状时，向后拖曳鼠标到 34s 的位置，如图 2-38 所示。

图 2-37

图 2-38

2. 制作视频转场效果

(1) 选择"窗口 > 工作区 > 效果"命令，弹出"效果"面板，展开"视频切换"特效分类选项，单击"叠化"文件夹前面的三角形按钮▶将其展开，选中"交叉叠化"特效，如图 2-39 所示。将"交叉叠化"特效拖曳到"时间线"窗口中的"02"文件开始位置，如图 2-40 所示。

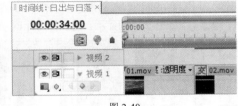

图 2-39　　　　　　　　　　　　　　　　　图 2-40

(2) 选择"效果"面板，选中"交叉叠化"特效并将其拖曳到"时间线"窗口中的"02"文件的结尾处与"04"文件的开始位置，如图 2-41 所示。选中"交叉叠化"特效，分别将其拖曳到"时间线"窗口中的"03"文件的开始位置和"05"文件的开始位置，如图 2-42 所示。日出与日落制作完成，效果如图 2-43 所示。

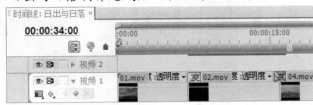

图 2-41

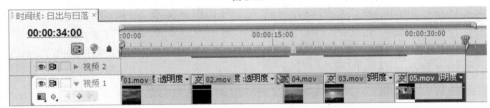

图 2-42

图 2-43

任务二 使用 Premiere Pro CS4 创建新元素

Premiere Pro CS4 除了使用导入的素材，还可以建立一些新的素材元素，在本任务中将进行详细介绍。

2.2.1 通用倒计时片头

通用倒计时通常用于影片开始前的倒计时准备。Premiere Pro CS4 为用户提供了现成的通用倒计时，用户可以非常简便地创建一个标准的倒计时素材，并可以在 Premiere Pro CS4 中随时对其进行修改，如图 2-44 所示。创建倒计时素材的具体操作步骤如下。

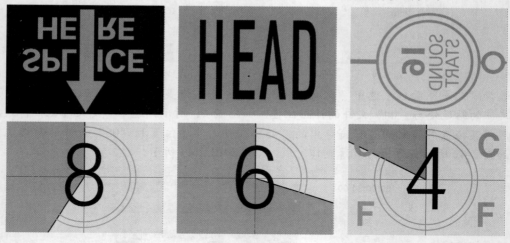

图 2-44

（1）单击"项目"窗口下方的"新建分项"按钮 ▣，在弹出的列表中选择"通用倒计时片头"选项，弹出"新建通用倒计时片头"对话框，如图 2-45 所示。设置完成后，单击"确定"按钮，弹出"通用倒计时片头设置"对话框，如图 2-46 所示。

"划变色"：擦除颜色。播放倒计时影片的时候，指示线会不停地围绕圆心转动，在指示线转动方向之后的颜色为划变色。

"背景色"：背景颜色。指示线转换方向之前的颜色为背景色。

"线条色"：指示线颜色。固定十字及转动的指示线的颜色由该项设定。

"目标色"：准星颜色。指定圆形准星的颜色。

"数字色"：数字颜色。指定倒计时影片中 8、7、6、5、4 等数字的颜色。

"出点提示音"：结束提示标志。勾选该复选框在倒计时结束时显示标志图形。

"倒数第 2 秒时提示音"：2 秒处是提示音标志。勾选该复选框在显示"2"的时候发出提示音。

"每秒开始时提示音"：每秒提示音标志。勾选该复选框在每秒开始的时候发声。

图 2-45

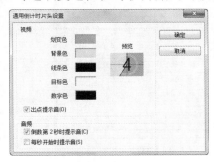
图 2-46

（2）设置完成后，单击"确定"按钮，Premiere Pro CS4 自动将该段倒计时影片加入"项目"窗口。

用户可在"项目"窗口或"时间线"窗口中双击倒计时素材，随时打开"通用倒计时片头设置"对话框进行修改。

2.2.2　实训项目：倒计时

【案例知识要点】

使用"通道倒计时片头"命令编辑默认倒计时属性；使用"速度/持续时间"命令改变视频文件的播放速度。倒计时效果如图 2-47 所示。

图 2-47

【案例操作步骤】

(1) 启动 Premiere Pro CS4 软件，弹出"欢迎使用 Adobe Premiere Pro"欢迎界面，单击"新建项目"按钮 ，弹出"新建项目"对话框。设置"位置"选项，选择保存文件路径，在"名称"文本框中输入文件名"倒计时"，如图 2-48 所示。单击"确定"按钮，弹出"新建序列"对话框，在左侧的列表中展开"DV-PAL"选项，选中"标准48kHz"模式，如图 2-49 所示，单击"确定"按钮。

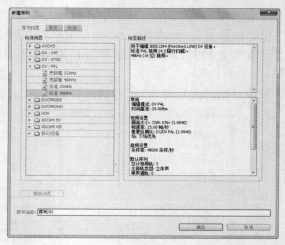

图 2-48　　　　　　　　　　　　　　　　图 2-49

(2) 在"项目"面板中单击"新建分项"按钮，在弹出的列表中选择"通用倒计时片头"命令，弹出"新建通用倒计时片头"对话框，单击"确定"按钮，弹出"通用倒计时片头设置"对话框，如图 2-50 所示。将"划变色"、"线条色"选项设置为黑色，"背景色"、"目标色"选项设置为白色，"数字色"选项设置为红色，设置完成后单击"确定"按钮，如图 2-51 所示。

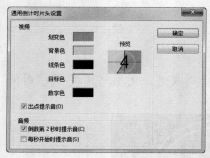
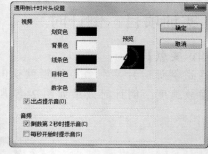

图 2-50　　　　　　　　　　　　　　　　图 2-51

(3) 选择"文件 > 导入"命令，弹出"导入"对话框，选择素材中的"项目二\倒计时\素材\ 01"文件，单击"打开"按钮导入图片，如图 2-52 所示。在"项目"面板中的显示如图 2-53 所示。

图 2-52　　　　　　　　　　　　　　　　图 2-53

(4) 在"项目"面板中选中"通用倒计时片头"文件，并将其拖曳到"时间线"窗口中的"视频 1"轨道中，如图 2-54 所示。在"项目"板中选中"01"文件，并将其拖曳到"时间线"窗口中的"视频 2"轨道中的 11s 的位置，如图 2-55 所示。

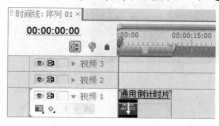
图 2-54

图 2-55

(5) 在"项目"面板中选中"01"文件，并将其拖曳到"时间线"窗口中的"视频 3"轨道中的 25:12s 的位置，如图 2-56 所示。在"时间线"窗口中的"视频 3"轨道选中"01"文件，按<Ctrl>+<R>组合键，弹出"素材速度/持续时间"对话框，将"速度"选项设置为 300%，如图 2-57 所示，单击"确定"按钮。

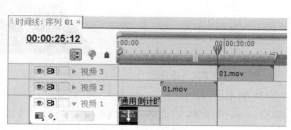
图 2-56

图 2-57

(6) 选择"序列 > 添加轨道"命令，在弹出的对话框中进行设置，如图 2-58 所示，单击"确定"按钮，在"时间线"面板中新建视频轨。在"项目"面板中选中"01"文件，并将其拖曳到"时间线"窗口中的"视频 4"轨道中的 30:04s 的位置，如图 2-59 所示。在"时间线"窗口中的"视频 4"轨道选中"01"文件，按<Ctrl>+<R>组合键，弹出"素材速度/持续时间"对话框，将"速度"选项设置为 500%，单击"确定"按钮，如图 2-60 所示。倒计时效果制作完成，如图 2-61 所示。

图 2-58

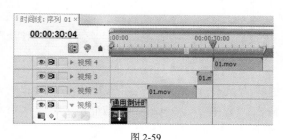
图 2-59

图 2-60

图 2-61

任务三 综合实训项目

2.3.1 制作节目片头包装

【案例知识要点】

使用"字幕"命令编辑文字与背景效果；使用"时钟式划变"命令制作倒计时效果；使用"速度/持续时间"命令调整视频播放速度。节目片头包装效果如图 2-62 所示。

【案例操作步骤】

1. 导入图片

(1) 启动 Premiere Pro CS4 软件，弹出"欢迎使用 Adobe Premiere Pro"欢迎界面，单击"新建项目"按钮 ，弹出"新建项目"对话框。设置"位置"选项，选择保存文件路径，在"名称"文本框中输入文件名"制作节目片头包装"，如图 2-63 所示。单击"确定"按钮，弹出"新建序列"对话框，在左侧的列表中展开"DV-PAL"选项，选中"标准 48kHz"模式，如图 2-64 所示，单击"确定"按钮。

图 2-63

图 2-64

图 2-62

(2) 选择"文件 > 新建 > 字幕"命令，弹出"新建字幕"对话框，在"名称"文本框中输入"数字 1"，如图 2-65 所示。单击"确定"按钮，弹出字幕编辑面板，如图 2-66 所示。

图 2-65

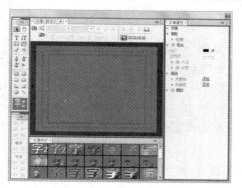

图 2-66

(3)　选择"文字"工具 T，在字幕窗口中输入文字"1"，如图 2-67 所示。选择"字幕属性"面板，展开"变换"和"属性"选项并进行参数设置，如图 2-68 所示。展开"填充"选项，设置"填充类型"选项为"四色渐变"，在"颜色"选项中设置左上角为橙黄色（其 R、G、B 的值分别为 255、155、0），右上角为红色（其 R、G、B 的值分别为 255、34、0），左下角为黄色（其 R、G、B 的值分别为 255、217、0），右下角为绿色（其 R、G、B 的值分别为 157、255、0），其他设置如图 2-69 所示。

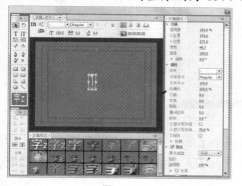

图 2-67

图 2-68

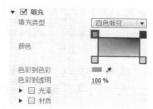

图 2-69

(4)　展开"描边"选项，单击"外侧边"右侧的"添加"属性设置，在"颜色"选项中设置第 1 个色块为深红色（其 R、G、B 的值分别为 125、0、0），设置第 2 个色块为棕黄色（其 R、G、B 的值分别为 150、93、0），其他设置如图 2-70 所示。在字幕窗口中的效果如图 2-71 所示。用相同的方法制作数字 2~5，制作完成后在"项目"面板中的显示如图 2-72 所示。

图 2-70

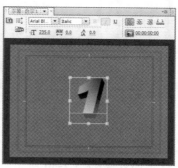

图 2-71

图 2-72

2. 编辑背景

(1) 选择"文件 > 新建 > 字幕"命令，弹出"新建字幕"对话框，在"名称"文本框中输入"白色背景"，如图 2-73 所示。单击"确定"按钮，弹出"字幕设计"窗口，选择"矩形"工具▣，绘制一个和字幕窗口一样大的白色矩形，如图 2-74 所示。在"字幕属性"面板中，展开"属性"、"填充"和"描边"选项，设置"颜色"选项的颜色为白色，其他设置如图 2-75 所示。

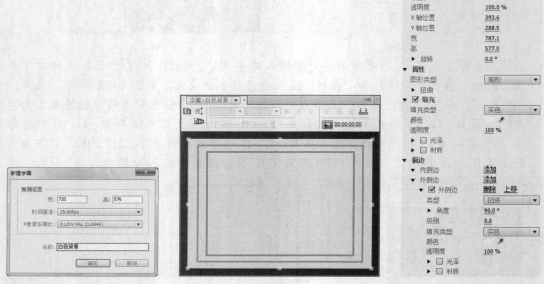

图 2-73 　　　　　　　　　　　　图 2-74 　　　　　　　　　　　　图 2-75

(2) 选择"直线"工具◥，在"字幕"窗口中绘制一条直线，如图 2-76 所示。展开"填充"选项，设置"颜色"选项的颜色为黑色，如图 2-77 所示。用相同的方法绘制出另外一条垂直直线，如图 2-78 所示。

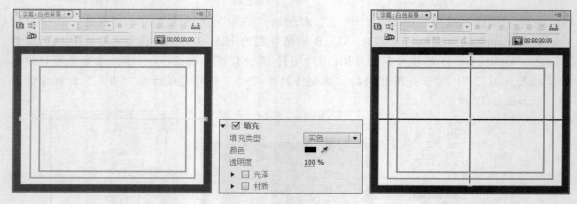

图 2-76 　　　　　　　　　　　　图 2-77 　　　　　　　　　　　　图 2-78

(3) 选择"椭圆"工具◯，绘制第 1 个圆形。在"字幕属性"面板中，展开"变换"、"属性"和"填充"选项，在"填充"选项中设置"颜色"选项的颜色为黑色，其他设置如图 2-79 所示。"字幕"窗口中的效果如图 2-80 所示。

图 2-79

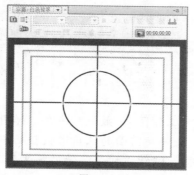
图 2-80

(4) 选择"椭圆"工具，绘制第 2 个圆形。在"字幕属性"面板中，展开"变换"、"属性"和"填充"选项，在"填充"选项中设置"颜色"选项的颜色为黑色，其他设置如图 2-81 所示。字幕窗口中的效果如图 2-82 所示。用相同的方法制作出"黑色背景"效果，"字幕"窗口中的效果如图 2-83 所示。

图 2-81

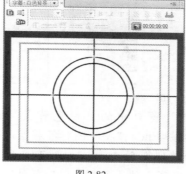
图 2-82

图 2-83

3. 制作倒计时动画

(1) 在"项目"面板中选中"白色背景"并将其拖曳到"时间线"窗口中的"视频 1"轨道上，如图 2-84 所示。将时间指示器放置在 1s 的位置，在"视频 1"轨道上选中"白色背景"层，将鼠标指针放在"白色背景"的尾部，当鼠标指针呈十状时，向前拖曳鼠标到 1s 的位置上，如图 2-85 所示。

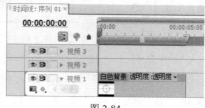

图 2-84

图 2-85

(2) 在"项目"面板中选中"黑色背景"并将其拖曳到"时间线"窗口中的"视频 2"轨道上，选中"数字 5"并将其拖曳到"时间线"窗口中的"视频 3"轨道上，如图 2-86 所示。选中"黑色背景"和"数字 5"层，将鼠标指针放在层的尾部，当鼠标指针呈十状时，向前拖曳鼠标到 1s 的位置上，如图 2-87 所示。

图 2-86   图 2-87

(3) 选择"窗口 > 工作区 > 效果"命令，弹出"效果"面板，展开"视频切换"选项，单击"擦除"文件夹前面的三角形按钮▷将其展开，选中"时钟式划变"特效，如图 2-88 所示。将"时钟式划变"特效拖曳到"时间线"窗口中的"视频 2"轨道中的"黑色背景"层上，如图 2-89 所示。在"节目"窗口中预览效果，如图 2-90 所示。

图 2-88   图 2-89   图 2-90

(4) 按住<Shift>键，选择"时间线"窗口中的"白色背景"和"黑色背景"层，按<Ctrl>+<C>组合键复制层，然后按<End>键将时间标签移至尾部，按<Ctrl>+<V>组合键粘贴层。连续按<Ctrl>+<V>组合键到第 5s 结束，如图 2-91 所示。

(5) 选择"项目"面板中的其他几个数字，依次放置在"时间线"窗口中的"视频 3"轨道中，如图 2-92 所示。

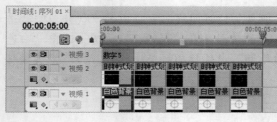 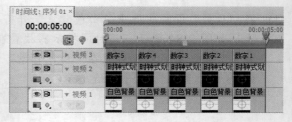

图 2-91   图 2-92

(6) 选择"文件 > 导入"命令，弹出"导入"对话框，选择素材中的"项目二\制作节目片头包装\素材\01"文件，如图 2-93 所示，单击"打开"按钮，导入视频文件。在"项目"面板中选中"01"文件并将其拖曳到"时间线"窗口中的"视频 3"轨道上，如图 2-94 所示。

(7) 选择"素材 > 速度/持续时间"命令，弹出"素材速度/持续时间"对话框，选项的设置如图 2-95 所示。单击"确定"按钮，视频的速度变快，同时，"时间线"中的"01"文件缩短到 10.09s 的位置，如图 2-96 所示。将时间指示器放置在 8s 的位置，将鼠标指针放在"01"的尾部，当鼠标指针呈┿状时，向前拖曳鼠标到 8s 的位置，如图 2-97 所示。

图 2-93

图 2-94

图 2-95

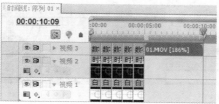

图 2-96

图 2-97

(8) 选择"文件 > 新建 > 字幕"命令，弹出"新建字幕"对话框，在"名称"文本框中输入"大家看电影"，如图 2-98 所示，单击"确定"按钮，弹出字幕编辑面板。选择"文字"工具 T，在字幕窗口中输入文字"大家看电影 第一期"，在"字幕样式"子面板中单击需要的样式，如图 2-99 所示，字幕窗口中的效果如图 2-100 所示。

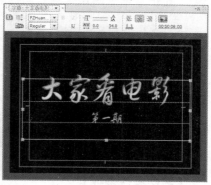

图 2-98

图 2-99

图 2-100

(9) 选择"序列 > 添加轨道"命令，弹出"添加视音轨"对话框，如图 2-101 所示，单击"确定"按钮，在"时间线"窗口中添加一个"视频 4"轨道。

(10) 将时间指示器放置在 5s 的位置，在"项目"面板中选中"大家看电影"文件并将其拖曳到"视频 4"轨道上，如图 2-102 所示。将时间指示器放置在 8s 的位置，将鼠标指针放在层的尾部，当鼠标指针呈 状时，向前拖曳鼠标到 8s 的位置，如图 2-103 所示。节目片头包装制作完成，如图 2-104 所示。

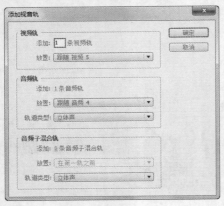

图 2-101

图 2-102

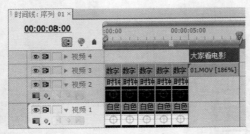

图 2-103

图 2-104

2.3.2 制作自然风光欣赏视频

【案例知识要点】

使用"字幕"命令添加并编辑文字；使用"透明度"命令制作文件的叠加效果；使用"交叉叠化"命令制作视频之间的转场效果。自然风光欣赏视频效果如图 2-105 所示。

图 2-105

【案例操作步骤】

1. 添加项目文件

(1) 启动 Premiere Pro CS4 软件，弹出"欢迎使用 Adobe Premiere Pro"欢迎界面，单击"新建项目"按钮 ，弹出"新建项目"对话框。设置"位置"选项，选择保存文件路径，在"名称"文本框中输入文件名"自然风光欣赏"，如图 2-106 所示。单击"确定"按钮，弹出"新建序列"对话框，在左侧的列表中展开"DV-PAL"选项，选中"标准 48kHz"模式，如图 2-107 所示，单击"确定"按钮。

图 2-106　　　　　　　　　　　图 2-107

(2) 选择"文件 > 导入"命令,弹出"导入"对话框,选择素材中的"项目二\制作自然风光欣赏视频\素材\01、02、03 和 04"文件,单击"打开"按钮,导入视频文件,如图 2-108 所示。导入后的文件排列在"项目"面板中,如图 2-109 所示。

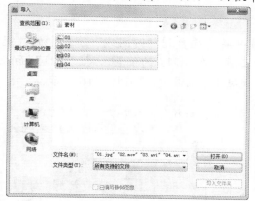

图 2-108　　　　　　　　　　　图 2-109

(3) 选择"文件 > 新建 > 字幕"命令,弹出"新建字幕"对话框,在"名称"文本框中输入"自然风光欣赏",如图 2-110 所示,单击"确定"按钮,弹出字幕编辑面板。选择"文字"工具[T],在字幕窗口中输入文字"欣赏 自然风光",单击"字幕属性栏"中的"居中"按钮[≡],使文字居中对齐,效果如图 2-111 所示。

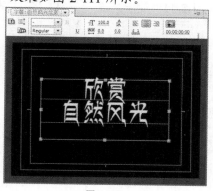

图 2-110　　　　　　　　　　　图 2-111

(4) 选择"字幕属性"面板，展开"属性"选项，选取文字"欣赏"，将"文字大小"选项设为 73，选取文字"自然风光"，将"文字大小"选项设为 67，将所有文字选取，其他选项的设置如图 2-112 所示。

(5) 展开"填充"选项，将色彩选项设为蓝色（其 R、G、B 的值分别为 25、133、202）。展开"描边"选项，单击"外侧边"右侧的"添加"属性添加描边，在"色彩"选项中设置白色，其他选项的设置如图 2-113 所示。在字幕窗口中的效果如图 2-114 所示。

图 2-112

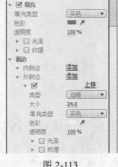
图 2-113

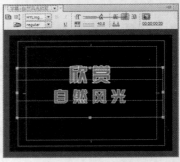
图 2-114

2. 制作文件的透明叠加

(1) 在"项目"面板中选中"02"文件并将其拖曳到"时间线"窗口中的"视频 2"轨道上，如图 2-115 所示。将时间指示器放置在 1:21s 的位置，将"项目"面板中的"01"文件拖曳到"时间线"窗口中的"视频 1"轨道中，如图 2-116 所示。

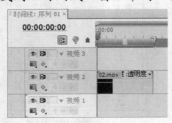
图 2-115

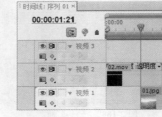
图 2-116

(2) 将时间指示器放置在 5:21s 的位置，将鼠标指针放在"01"文件的尾部，当鼠标指针呈 ✛ 状时，向前拖曳鼠标到 5:21s 的位置上，如图 2-117 所示。将时间指示器放置在 1:21s 的位置，选择"特效控制台"面板，展开"透明度"选项，将"透明度"选项设为 50%，如图 2-118 所示。在"节目"窗口中预览效果，如图 2-119 所示。

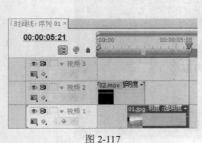
图 2-117

图 2-118

图 2-119

(3) 将时间指示器放置在 5:21s 的位置，在"特效控制台"面板中展开"透明度"选项，将"透明度"选项设为 100%，如图 2-120 所示，"时间线"窗口如图 2-121 所示。

图 2-120

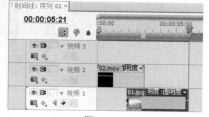

图 2-121

(4) 将时间指示器放置在 2:16s 的位置，将"项目"面板中的"自然风光欣赏"文件拖曳到"时间线"窗口中的"视频 3"轨道中，如图 2-122 所示。将时间指示器放置在 4:20s 的位置，将鼠标指针放在"自然风光欣赏"文件的尾部，当鼠标指针呈 ￫ 状时，向前拖曳鼠标到 4:20s 的位置，如图 2-123 所示。

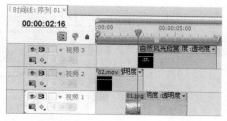

图 2-122

图 2-123

(5) 在"时间线"窗口中选取"自然风光欣赏"文件。将时间指示器放置在 2:16s 的位置，在"特效控制台"面板中展开"透明度"选项，将"透明度"选项设为 0%，如图 2-124 所示。在"节目"窗口中预览效果，如图 2-125 所示。

图 2-124

图 2-125

(6) 将时间指示器放置在 3:05s 的位置，在"特效控制台"面板中展开"透明度"选项，将"透明度"选项设为 84.6%，如图 2-126 所示。在"节目"窗口中预览效果，如图 2-127 所示。

图 2-126　　　　　　　　　　　　图 2-127

3. 制作文件的透明叠加

(1) 将时间指示器放置在 4:20s 的位置，将"项目"面板中的"03"文件拖曳到"时间线"窗口中的"视频 3"轨道中，如图 2-128 所示。将时间指示器放置在 8:22s 的位置，将鼠标指针放在"03"文件的尾部，当鼠标指针呈🖑状时，向前拖曳鼠标到 8:22s 的位置，如图 2-129 所示。

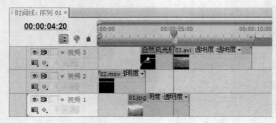

图 2-128　　　　　　　　　　　　　　　图 2-129

(2) 将"项目"面板中的"04"文件拖曳到"时间线"窗口中的"视频 3"轨道中，如图 2-130 所示。

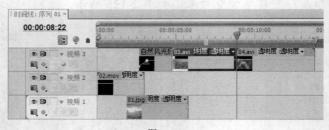

图 2-130

(3) 选择"窗口 > 工作区 > 效果"命令，弹出"效果"面板，展开"视频切换"特效分类选项，单击"叠化"文件夹前面的三角形按钮 ▶ 将其展开，选中"交叉叠化"特效，如图 2-131 所示。将"交叉叠化"特效拖曳到"时间线"窗口中的"03"文件开始位置，如图 2-132 所示。

(4) 再将"交叉叠化"特效拖曳到"时间线"窗口中的"04"文件的开始位置，如图 2-133 所示。自然风光欣赏制作完成，效果如图 2-134 所示。

图 2-131

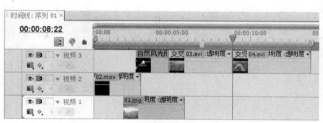

图 2-132

图 2-133

图 2-134

2.3.3 制作栏目包装

【案例知识要点】

使用"字幕"命令添加并编辑文字；使用"特效控制台"面板编辑图像的位置、比例和透明度制作动画效果。栏目包装效果如图 2-135 所示。

图 2-135

【案例操作步骤】

1. 添加项目文件

(1) 启动 Premiere Pro CS4 软件，弹出"欢迎使用 Adobe Premiere Pro"欢迎界面，单击"新建项目"按钮 ，弹出"新建项目"对话框。设置"位置"选项，选择保存文件路径，在"名称"文本框中输入文件名"制作栏目包装"，如图 2-136 所示，单击"确定"按钮，弹出"新建序列"对话框，在左侧的列表中展开"DV-PAL"选项，选中"标准 48kHz"模式，如图 2-137 所示，单击"确定"按钮。

图 2-136

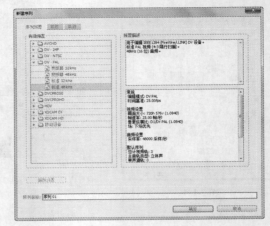

图 2-137

(2) 选择"文件 > 导入"命令，弹出"导入"对话框，选择素材中的"项目二\制作栏目包装\素材\01、02、03 和 04"文件，单击"打开"按钮，导入视频文件，如图 2-138 所示。导入后的文件排列在"项目"面板中，如图 2-139 所示。

图 2-138

图 2-139

(3) 选择"文件 > 新建 > 字幕"命令，弹出"新建字幕"对话框，如图 2-140 所示，单击"确定"按钮，弹出字幕编辑面板。选择"文字"工具，在字幕窗口中输入文字"欣赏 自然风光"，在"字幕样式"子面板中单击需要的样式，字幕窗口中的效果如图 2-141 所示。

图 2-140

图 2-141

2. 制作图像动画

(1) 在"项目"面板中选中"04"文件并将其拖曳到"时间线"窗口中的"视频 1"轨道中，如图 2-142 所示。在"项目"面板中选中"01"文件并将其拖曳到"时间线"窗口中的"视频 2"轨道中，如图 2-143 所示。

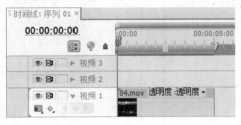　

图 2-142　　　　　　　　　　　　　　　　图 2-143

(2) 在"时间线"窗口中选取"01"文件。选择"特效控制台"面板，展开"运动"选项，取消勾选"等比缩放"复选框，将"缩放高度"选项设为 88，"缩放宽度"选项设为 110.7，如图 2-144 所示。在"节目"窗口中预览效果，如图 2-145 所示。

图 2-144　　　　　　　　　　　图 2-145

(3) 在"项目"面板中选中"02"文件并将其拖曳到"时间线"窗口中的"视频 3"轨道中，如图 2-146 所示。在"时间线"窗口中选取"02"文件。在"特效控制台"面板中展开"运动"选项，取消勾选"等比缩放"复选框，将"位置"选项设为 182 和 288，"缩放高度"选项设为 88，"缩放宽度"选项设为 105.6，如图 2-147 所示。在"节目"窗口中预览效果，如图 2-148 所示。

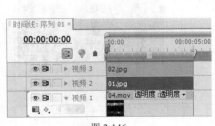　　

图 2-146　　　　　　　图 2-147　　　　　　　图 2-148

(4) 将时间指示器放置在 0:21s 的位置，在"特效控制台"面板中单击"位置"选项左侧的"切换动画"按钮，如图 2-149 所示，记录第 1 个动画关键帧。展开"透明度"选项，单击右侧的"添加/删除关键帧"按钮 ，如图 2-150 所示，记录第 1 个关键帧。将时间指示器放置在 3:05s 的位置。在"特效控制台"面板中将"位置"选项设为-180 和288，"透明度"选项设为 0%，记录第 2 个动画关键帧，如图 2-151 所示。

图 2-149

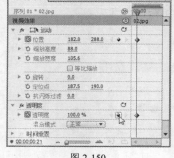
图 2-150

图 2-151

(5) 选择"序列 > 添加轨道"命令，弹出"添加视音轨"对话框，选项的设置如图 2-152 所示。单击"确定"按钮，在"时间线"窗口中添加 2 条视频轨道，如图 2-153 所示。

图 2-152

图 2-153

(6) 在"项目"面板中选中"03"文件并将其拖曳到"时间线"窗口中的"视频 4"轨道中，如图 2-154 所示。在"时间线"窗口中选取"03"文件。在"特效控制台"面板中展开"运动"选项，取消勾选"等比缩放"复选框，将"位置"选项设为 542.9 和288，"缩放高度"选项设为 88，"缩放宽度"选项设为 114.7，如图 2-155 所示。在"节目"窗口中预览效果，如图 2-156 所示。

图 2-154

图 2-155

图 2-156

(7) 将时间指示器放置在 0:21s 的位置，在"特效控制台"面板中单击"位置"选项左侧的"切换动画"按钮 ，如图 2-157 所示，记录第 1 个动画关键帧。展开"透明度"选项，单击右侧的"添加/删除关键帧"按钮，如图 2-158 所示，记录第 1 个关键帧。将时间指示器放置在 3:05s 的位置，在"特效控制台"面板中将"位置"选项设为 902.9 和 288，"透明度"选项设为 0%，记录第 2 个动画关键帧，如图 2-159 所示。

图 2-157　　　　　　　图 2-158　　　　　　　图 2-159

(8) 将"项目"面板中的"字幕 01"文件拖曳到"时间线"窗口中的"视频 5"轨道中，如图 2-160 所示。将时间指示器放置在 5:01s 的位置，将鼠标指针放在"字幕 01"文件的尾部，当鼠标指针呈⊩状时，向前拖曳鼠标到 5:01s 的位置，如图 2-161 所示。

图 2-160　　　　　　　　　　图 2-161

(9) 在"时间线"窗口中选取"字幕 01"文件，将时间指示器放置在 1:21s 的位置。在"特效控制台"面板中展开"运动"选项，将"位置"选项设为 360 和 371，"缩放比例"选项设为 0。展开"透明度"选项，将"透明度"选项设为 0%，如图 2-162 所示。单击"位置"和"缩放比例"选项左侧的"切换动画"按钮，如图 2-163 所示，记录第 1 个动画关键帧。

图 2-162　　　　　　　　　　图 2-163

(10) 将时间指示器放置在 3:13s 的位置。在"特效控制台"面板中将"位置"选项设为 360 和 295，"缩放比例"选项设为 100，"透明度"选项设为 100%，记录第 2 个动画关键帧，如图 2-164 所示。栏目包装制作完成，效果如图 2-165 所示。

图 2-164

图 2-165

任务四　课后实战演练

2.4.1　制作立体相框

【练习知识要点】

使用"插入"选项将图像导入到时间线窗口中；使用"运动"选项编辑图像的位置、比例、旋转等多个属性；使用"剪裁"命令剪裁图像边框；使用"斜边角"命令制作图像的立体效果；使用"杂波 HLS"、"棋盘"、"四色渐变"命令编辑背影特效；使用"色阶"命令调整图像的亮度。立体相框效果如图 2-166 所示。

图 2-166

2.4.2　镜头的快慢处理

【练习知识要点】

使用"缩放比例"选项改变视频文件的大小；使用剃刀工具分割文件；使用"速度/持续时间"命令改变视频播放的快慢；使用"交叉叠化"命令添加视频与视频之间的转场特效。镜头的快慢处理效果如图 2-167 所示。

图 2-167

制作电子相册

本项目主要介绍如何在 Premiere Pro CS4 的影片素材或静止图像素材之间建立丰富多彩的切换特效的方法，每一个图像切换的控制方式具有很多可调的选项。本项目内容对于影视剪辑中的镜头切换有着非常实用的意义，它可以使剪辑的画面更加富于变化，更加生动多彩。

学习目标

设置转场特技。

任务一 设置转场特技

转场包括使用镜头切换、调整切换区域、切换设置和设置默认切换等多种基本操作。下面对转场特技设置进行讲解。

3.1.1 使用镜头切换

一般情况下，切换在同一轨道的两个相邻素材之间使用。当然，也可以单独为一个素材施加切换，这时候素材与其下方的轨道进行切换，但是下方的轨道只是作为背景使用，并不能被切换所控制，如图 3-1 所示。

为影片添加切换后，可以改变切换的长度。最简单的方法是在序列中选中切换 交叉叠化(标准) ，拖曳切换的边缘即可。还可以双击切换打开"特效控制台"面板，在该对话框中对切换进一步调整，如图 3-2 所示。

图 3-1

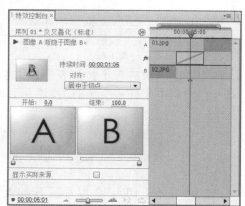

图 3-2

3.1.2 调整切换区域

在右侧的时间线区域里可以设置切换的长度和位置。如图 3-3 所示，两段影片加入切换后，时间线上会有一个重叠区域，这个重叠区域就是发生切换的范围。同"时间线"窗口中只显示入点和出点间的影片不同，在"特效控制台"窗口的时间线中会显示影片的完全长度，这样设置的优点是可以随时修改影片参与切换的位置。

将鼠标指针移动到影片上，按住鼠标左键拖曳，即可移动影片的位置，改变切换的影响区域。

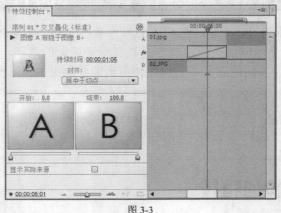

图 3-3

将鼠标指针移动到切换中线上拖曳，可以改变切换位置，如图 3-4 所示。还可以将鼠标指针移动到切换上拖曳改变位置，如图 3-5 所示。

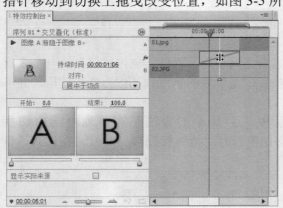

图 3-4

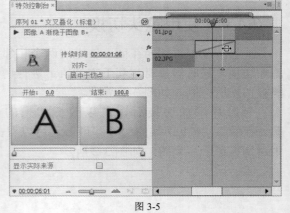

图 3-5

在左边的"对齐"下拉列表中提供了以下几种切换对齐方式。

（1）"居中于切点"：将切换添加到两剪辑的中间部分，如图 3-6 和图 3-7 所示。

图 3-6

图 3-7

（2）"开始于切点"：以片段 B 的入点位置为准建立切换，如图 3-8 和图 3-9 所示。

图 3-8　　　　　　　　　　　　　　　　　图 3-9

（3）"结束于切点"：将切换点添加到第一个剪辑的结尾处，如图 3-10 和图 3-11 所示。

图 3-10　　　　　　　　　　　　　　　　图 3-11

（4）"自定开始"：表示可以通过自定义添加设置。

将鼠标指针移动到切换边缘，可以拖曳鼠标改变切换的长度，如图 3-12 和图 3-13 所示。

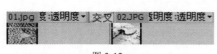
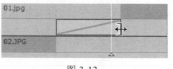

图 3-12　　　　　　　　　　　　　　　　图 3-13

3.1.3　切换设置

在左边的切换设置中，可以对切换进行进一步的设置。

默认情况下，切换都是从 A 到 B 完成的，要改变切换的开始和结束的状态，可拖曳"开始"和"结束"滑块。按住<Shift>键并拖曳滑块可以使开始和结束滑块以相同的数值变化。

勾选"显示实际来源"复选框，可以在切换设置对话框上方"启动"和"结束"窗口中显示切换的开始和结束帧，如图 3-14 所示。

在对话框上方单击▶按钮，可以在小视窗中预览切换效果，如图 3-15 所示。对于某些有方向性的切换来说，可以在上方小视窗中单击箭头改变切换的方向。

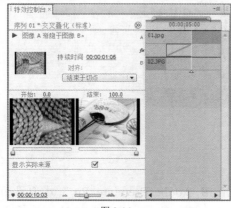
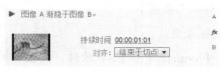

图 3-14　　　　　　　　　　　　　　　　图 3-15

某些切换具有位置的性质，如出入屏的时候画面从屏幕的哪个位置开始，这时候可以在切换的开始和结束显示框中调整位置。对话框上方的"持续时间"栏中可以输入切换的持续时间，这与拖曳切换边缘改变长度是相同的。

3.1.4　设置默认切换

选择"编辑 > 参数 > 常规"命令，在弹出的"参数"对话框中进行切换的默认设置。

可以将当前选定的切换设为默认切换，这样，在使用如自动导入这样的功能时，所建立的都是该切换。此外，还可以分别设定视频和音频切换的默认时间，如图 3-16 所示。

图 3-16

3.1.5　实训项目：紫色风光

【案例知识要点】

使用"字幕"命令添加并编辑文字；按<Ctrl>+<D>组合键添加转场默认效果；按<Page Down>键调整时间指示器。紫色风光效果如图 3-17 所示。

图 3-17

【案例操作步骤】

1. 编辑视频文件

(1) 启动 Premiere Pro CS4 软件，弹出"欢迎使用 Adobe Premiere Pro"欢迎界面，单击"新建项目"按钮 ，弹出"新建项目"对话框。设置"位置"选项，选择保存文件路径，在"名称"文本框中输入文件名"紫色风光"，如图 3-18 所示。单击"确定"按钮，弹出"新建序列"对话框，在左侧的列表中展开"DV-PAL"选项，选中"标准48kHz"模式，如图 3-19 所示，单击"确定"按钮。

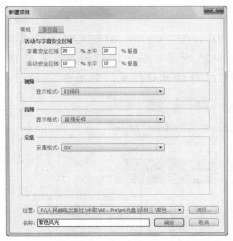

图 3-18

图 3-19

(2) 选择"文件 > 导入"命令，弹出"导入"对话框，选择素材中的"项目三\紫色风光\素材\01、02、03 和 04"文件，单击"打开"按钮导入视频文件，如图 3-20 所示。导入后的文件排列在"项目"面板中，如图 3-21 所示。

图 3-20

图 3-21

(3) 选择"文件 > 新建 > 字幕"命令，弹出"新建字幕"对话框，如图 3-22 所示，单击"确定"按钮，弹出字幕编辑面板。选择"矩形"工具 ▢，在字幕窗口中绘制矩形并填充为黑色，效果如图 3-23 所示。选择"选择"工具 ▶，按住<Alt>键的同时，向下拖曳到适当的位置，复制矩形，效果如图 3-24 所示。

图 3-22

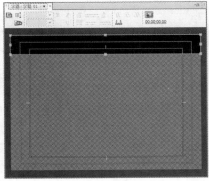

图 3-23

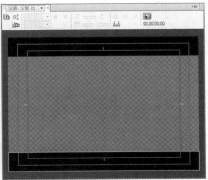

图 3-24

2. 添加转场效果

(1) 按住<Ctrl>键，在"项目"面板中分别单击"01、02、03 和 04"文件并将其拖曳到"时间线"窗口中的"视频 1"轨道中，如图 3-25 所示。将时间指示器放置在 0s 的位置，按<Page Down>键，时间指示器转到"02"文件的开始位置，如图 3-26 所示。

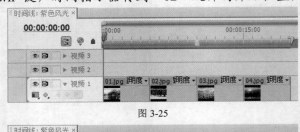

图 3-25

图 3-26

(2) 按<Ctrl>+<D>组合键，在"01"文件的结尾处与"02"文件的开始位置添加一个默认的转场效果，如图 3-27 所示。在"节目"窗口中预览效果，如图 3-28 所示。

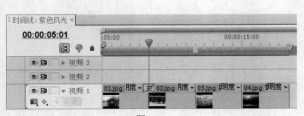

图 3-27

图 3-28

(3) 再次按<Page Down>键，时间指示器转到"03"文件的开始位置，如图 3-29 所示。按<Ctrl>+<D>组合键，在"02"文件结尾处与"03"文件开始位置添加一个默认的转场效果。在"节目"窗口中预览效果，如图 3-30 所示。

图 3-29

图 3-30

(4) 用相同的制作方法在"03"文件结尾处与"04"文件开始位置添加一个默认的转场效果。在"项目"面板中选中"字幕01"文件并将其拖曳到"时间线"窗口中的"视频2"轨道上,如图 3-31 所示。紫色风光制作完成,在"节目"窗口中预览效果,如图3-32 所示。

图 3-31

图 3-32

任务二 综合实训项目

3.2.1 制作旅行相册

【案例知识要点】

使用"字幕"命令添加相册文字;使用"镜头光晕"特效制作背景的光照效果;使用"特效控制台"面板制作文字的透明度动画;使用"效果"面板添加照片之间的切换特效。旅行相册效果如图 3-33 所示。

图 3-33

【案例操作步骤】

1. 添加项目图像

(1) 启动 Premiere Pro CS4 软件,弹出"欢迎使用 Adobe Premiere Pro"欢迎界面,单击"新建项目"按钮 ,弹出"新建项目"对话框。设置"位置"选项,选择保存文件路径,在"名称"文本框中输入文件名"制作旅行相册",如图 3-34 所示,单击"确定"按钮,弹出"新建序列"对话框,在左侧的列表中展开"DV-PAL"选项,选中"标准 48kHz"模式,如图 3-35 所示,单击"确定"按钮。

Premiere Pro CS4 视频编辑项目教程

图 3-34

图 3-35

(2) 选择"文件 > 导入"命令，弹出"导入"对话框，选择素材中的"项目三\制作旅行相册\素材\01~10"文件，单击"打开"按钮，导入视频文件，如图 3-36 所示。导入后的文件排列在"项目"面板中，如图 3-37 所示。

图 3-36

图 3-37

(3) 选择"文件 > 新建 > 字幕"命令，弹出"新建字幕"对话框，在"名称"文本框中输入"我的旅行相册"，如图 3-38 所示。单击"确定"按钮，弹出字幕编辑面板，如图 3-39 所示。

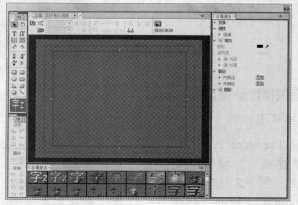

图 3-38

图 3-39

(4) 选择"文字"工具 T，在"字幕"窗口中输入文字"我的旅行相册"。选择"字幕属

66

性"面板，展开"属性"选项，设置如图 3-40 所示。展开"填充"选项，将色彩选项设
为蓝色（其 R、G、B 的值分别为 7、84、144）。展开"阴影"选项，在"色彩"选项中
设置白色，其他选项的设置如图 3-41 所示。在"字幕"窗口中的效果如图 3-42 所示。

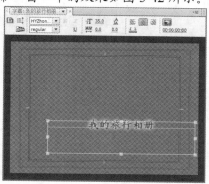

| 图 3-40 | 图 3-41 | 图 3-42 |

2. 制作图像背景并添加相册文字

(1) 在"项目"面板中选中"01"文件并将其拖曳到"时间线"窗口中的"视频 1"轨道
上，如图 3-43 所示。在"时间线"窗口中选取"01"文件，选择"特效控制台"面
板，展开"运动"选项，将"位置"选项设为 398.4 和 286，如图 3-44 所示。在"节
目"窗口中预览效果，如图 3-45 所示。

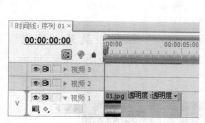

| 图 3-43 | 图 3-44 | 图 3-45 |

(2) 选择"窗口 > 工作区 > 效果"命令，弹出"效果"面板，展开"视频特效"分类选
项，单击"生成"文件夹前面的三角形按钮▶将其展开，选中"镜头光晕"特效，如
图 3-46 所示。将其拖曳到"时间线"窗口中的"01"文件上，如图 3-47 所示。

| 图 3-46 | 图 3-47 |

(3) 选择"特效控制台"面板，展开"镜头光晕"特效并进行参数设置，如图 3-48 所示。在"节目"窗口中预览效果，如图 3-49 所示。

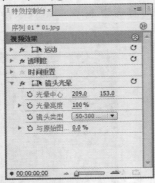

图 3-48   图 3-49

(4) 将时间指示器放置在 2:04s 的位置，在"视频 1"轨道上选中"01"文件，将鼠标指针放在"01"文件的尾部，当鼠标指针呈┿状时，向前拖曳鼠标到 2:04s 的位置，如图 3-50 所示。在"项目"面板中选中"02"文件并将其拖曳到"时间线"窗口中的"视频 2"轨道上，如图 3-51 所示。

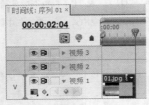
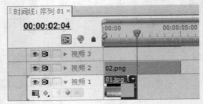

图 3-50   图 3-51

(5) 在"时间线"窗口中选取"02"文件。选择"特效控制台"面板，展开"运动"选项，将"位置"选项设为 360 和 244，"缩放比例"选项设为 70，如图 3-52 所示。在"节目"窗口中预览效果，如图 3-53 所示。

图 3-52   图 3-53

(6) 在"视频 2"轨道上选中"02"文件，将鼠标指针放在"02"文件的尾部，当鼠标指针呈┿状时，向前拖曳鼠标到 2:04s 的位置，如图 3-54 所示。选择"效果"面板，展开"视频切换"分类选项，单击"擦除"文件夹前面的三角形按钮▶将其展开，选中"擦除"特效，如图 3-55 所示。将其拖曳到"时间线"窗口中的"02"文件的开始位置，如图 3-56 所示。

图 3-54 图 3-55 图 3-56

(7) 在"项目"面板中选中"我的旅行相册"文件并将其拖曳到"时间线"窗口中的"视频 3"轨道上,如图 3-57 所示。在"视频 3"轨道上选中"我的旅行相册"文件,将鼠标指针放在文件的尾部,当鼠标指针呈 ╪ 状时,向前拖曳鼠标到 2:04s 的位置,如图 3-58 所示。

图 3-57 图 3-58

(8) 在"时间线"窗口中选取"我的旅行相册"文件。将时间指示器放置在 0s 的位置,选择"特效控制台"面板,展开"透明度"选项,将"透明度"选项设为 0%,记录第 1 个关键帧,如图 3-59 所示。将时间指示器放置在 0:18s 的位置,将"透明度"选项设为 100%,记录第 2 个关键帧,如图 3-60 所示。

图 3-59 图 3-60

3. 添加图像的过渡和相框

(1) 选择"序列 > 添加轨道"命令,弹出"添加视音轨"对话框,选项设置如图 3-61 所示。单击"确定"按钮,在"时间线"窗口中添加 2 条视频轨道,如图 3-62 所示。将时间指示器放置在 2:04s 的位置,在"项目"面板中选中"03"文件并将其拖曳到"视频 4"轨道上,如图 3-63 所示。

(2) 将时间指示器放置在 4:04s 的位置，将鼠标指针放在层的尾部，当鼠标指针呈 ↔ 状时，向前拖曳鼠标到 4:04s 的位置上，如图 3-64 所示。选择"特效控制台"面板，展开"运动"选项，将"缩放比例"选项设为 70，如图 3-65 所示。

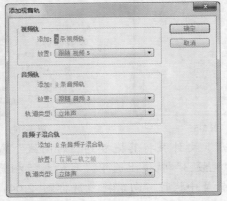

图 3-61

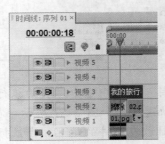

图 3-62

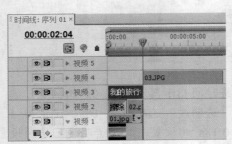

图 3-63

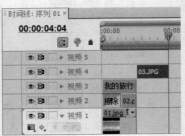

图 3-64

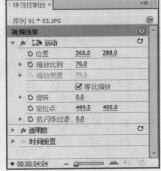

图 3-65

(3) 选择"效果"面板，展开"视频切换"分类选项，单击"叠化"文件夹前面的三角形按钮 ▶ 将其展开，选中"白场过渡"特效，如图 3-66 所示。将其拖曳到"时间线"窗口中的"03"文件的开始位置，如图 3-67 所示。

图 3-66

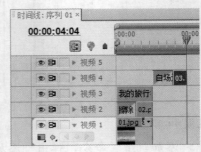

图 3-67

(4) 选取"白场过渡"特效，在"特效控制台"面板中将"持续时间"选项设为 0:10s，如图 3-68 所示。用相同的方法在"时间线"窗口中添加其他文件和适当的过渡特效，如图 3-69 所示。

图 3-68   图 3-69

(5) 在"项目"面板中选中"10"文件并将其拖曳到"视频 5"轨道上，如图 3-70 所示。将鼠标指针放在层的尾部，当鼠标指针呈十状时，向后拖曳鼠标到 16:09s 的位置，如图 3-71 所示。旅行相册制作完成，效果如图 3-72 所示。

图 3-70

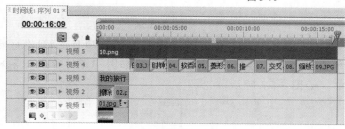

图 3-71   图 3-72

3.2.2 制作自然风光相册

【案例知识要点】

使用"字幕"命令添加相册主题文字；使用"彩色蒙版"命令和"边 粗糙"特效制作相框效果；使用"特效控制台"面板制作文字的位置和透明度动画；使用"效果"面板添加照片之间的切换特效。自然风光相册效果如图 3-73 所示。

图 3-73

【案例操作步骤】

1. 添加项目文件

(1) 启动 Premiere Pro CS4 软件，弹出"欢迎使用 Adobe Premiere Pro"欢迎界面，单击 "新建项目"按钮 ，弹出"新建项目"对话框。设置"位置"选项，选择保存文件 路径，在"名称"文本框中输入文件名"自然风光相册"，如图 3-74 所示。单击"确 定"按钮，弹出"新建序列"对话框，在左侧的列表中展开"DV-PAL"选项，选中 "标准 48kHz"模式，如图 3-75 所示，单击"确定"按钮。

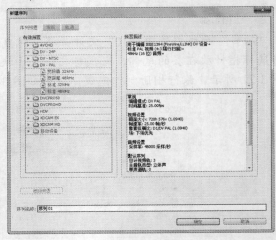

图 3-74   图 3-75

(2) 选择"文件 > 导入"命令，弹出"导入"对话框，选择素材中的"项目三\制作自然风 光相册\素材\01~10"文件，单击"打开"按钮导入视频文件，如图 3-76 所示。导入后 的文件排列在"项目"面板中，如图 3-77 所示。

图 3-76   图 3-77

(3) 选择"文件 > 新建 > 彩色蒙版"命令，弹出"新建彩色蒙版"对话框，选项设置如 图 3-78 所示，单击"确定"按钮，弹出"颜色拾色"对话框。在对话框中设置蒙版颜 色的 RGB 值分别为 247、177、86，如图 3-79 所示。单击"确定"按钮，弹出"选择 名称"对话框，设置如图 3-80 所示。单击"确定"按钮，在"项目"面板中添加蒙版 文件。

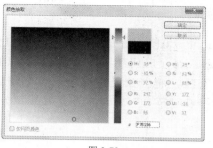

图 3-78　　　　　　　　　图 3-79　　　　　　　　　图 3-80

(4) 在"项目"面板中选取"橙色"文件，按<Ctrl>+<C>组合键复制文件，按<Ctrl>+<V>
组合键粘贴文件，如图 3-81 所示。在复制的文件上单击鼠标右键，在弹出的快捷菜单
中选择"重命名"命令，将其命名为"粉色"，如图 3-82 所示。再双击文件，弹出"颜
色拾取"对话框，设置 RGB 的值分别为 230、97、246，如图 3-83 所示，单击"确
定"按钮，更改颜色。用相同的方法添加红色（其 RGB 的值分别为 234、118、129）、
绿色（其 RGB 的值分别为 138、213、97）、蓝色（其 RGB 的值分别为 88、186、
231）和黄色（其 RGB 的值分别为 227、225、64）文件。

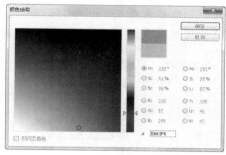

图 3-81　　　　　　　　　图 3-82　　　　　　　　　图 3-83

(5) 选择"文件 > 新建 > 字幕"命令，弹出"新建字幕"对话框，在"名称"文本框中
输入"美丽的田野"，如图 3-84 所示，单击"确定"按钮，弹出字幕编辑面板。选择
"文字"工具 T，在字幕窗口中输入文字"美丽的田野"，在"字幕样式"子面板中单
击需要的样式，字幕窗口中的效果如图 3-85 所示。

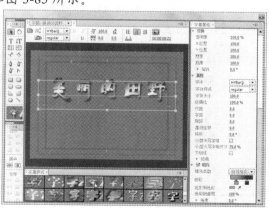

图 3-84　　　　　　　　　　　　　　　　图 3-85

2. 制作文件的透明叠加

(1) 在"项目"面板中选中"01"文件并将其拖曳到"时间线"窗口中的"视频 1"轨道上，如图 3-86 所示。在"时间线"窗口中选取"01"文件。选择"特效控制台"面板，展开"运动"选项，将"位置"选项设为 358.2 和 286，"缩放比例"选项设为 75，如图 3-87 所示。在"节目"窗口中预览效果，如图 3-88 所示。

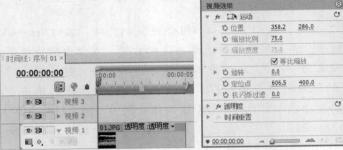

| 图 3-86 | 图 3-87 | 图 3-88 |

(2) 将时间指示器放置在 4:05s 的位置，将鼠标指针放在"01"文件的尾部，当鼠标指针呈 ✛ 状时，向前拖曳鼠标到 4:05s 的位置，如图 3-89 所示。在"项目"面板中选中"04"文件并将其拖曳到"时间线"窗口中的"视频 1"轨道上，如图 3-90 所示。

| 图 3-89 | 图 3-90 |

(3) 在"时间线"窗口中选取"04"文件。选择"特效控制台"面板，展开"运动"选项，将"缩放比例"选项设为 74.5，如图 3-91 所示。在"节目"窗口中预览效果，如图 3-92 所示。将时间指示器放置在 7:05s 的位置，在"时间线"窗口中将鼠标指针放在"04"文件的尾部，当鼠标指针呈 ✛ 状时，向前拖曳鼠标到 7:05s 的位置，如图 3-93 所示。

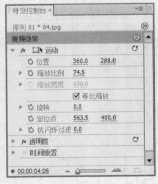

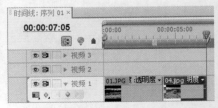

| 图 3-91 | 图 3-92 | 图 3-93 |

(4) 选择"窗口 > 工作区 > 效果"命令，弹出"效果"面板，展开"视频切换"分类选项，单击"叠化"文件夹前面的三角形按钮 ▶ 将其展开，选中"白场过渡"特效，如图 3-94 所示。将其拖曳到"时间线"窗口中的"01"文件的结尾处与"04"文件的开始位置，如图 3-95 所示。

(5) 选取"白场过渡"特效，在"特效控制台"面板中将"持续时间"选项设为 10s，如图 3-96 所示。用相同的方法在"时间线"窗口中添加其他文件和适当的过渡切换，如图 3-97 所示。

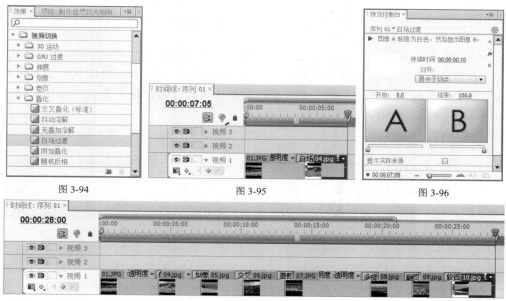

图 3-94　　　　　　　　　图 3-95　　　　　　　　　图 3-96

图 3-97

(6) 在"项目"面板中选中"02"文件并将其拖曳到"时间线"窗口中的"视频 2"轨道上，如图 3-98 所示。将时间指示器放置在 4s 的位置，在"时间线"窗口中将鼠标指针放在"02"文件的尾部，当鼠标指针呈 ➕ 状时，向前拖曳鼠标到 4s 的位置，如图 3-99 所示。

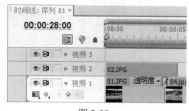

图 3-98　　　　　　　　　　　图 3-99

(7) 选择"特效控制台"面板，展开"运动"选项，将"位置"选项设为-84.1 和 706，"缩放比例"选项设为 26，如图 3-100 所示。将时间指示器放置在 1:15s 的位置，单击"位置"和"旋转"选项前面的记录动画按钮 🕙，如图 3-101 所示，记录第 1 个动画关键帧。将时间指示器放置在 2:21s 的位置，将"位置"选项设为 546.4 和 408，"旋转"选项设为 19.8，记录第 2 个关键帧，如图 3-102 所示。

图 3-100　　　　　　　　　　图 3-101　　　　　　　　　　图 3-102

(8) 在"项目"面板中选中"黄色"文件并将其拖曳到"时间线"窗口中的"视频 2"轨道
上，如图 3-103 所示。将时间指示器放置在 7:05s 的位置，在"时间线"窗口中将鼠标
指针放在"黄色"文件的尾部，当鼠标指针呈 ┤ 状时，向前拖曳鼠标到 7:05s 的位置，
如图 3-104 所示。

图 3-103　　　　　　　　　　　　　　　　图 3-104

(9) 在"效果"面板中展开"视频特效"分类选项，单击"风格化"文件夹前面的三角形
按钮 ▶ 将其展开，选中"边缘粗糙"特效，如图 3-105 所示，将其拖曳到"时间线"窗
口中的"黄色"文件的上。在"特效控制台"面板中展开"边缘粗糙"特效，选项的
设置如图 3-106 所示。在"节目"窗口中预览效果，如图 3-107 所示。用相同的方法在
"时间线"窗口中添加其他文件和适当的过渡切换，如图 3-108 所示。

图 3-105　　　　　　　　　　图 3-106　　　　　　　　　　图 3-107

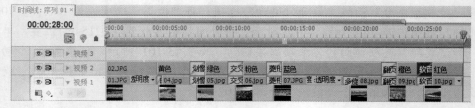

图 3-108

(10) 将"项目"面板中的"美丽的田野"文件拖曳到"时间线"窗口中的"视频 3"轨道

中, 如图 3-109 所示。将时间指示器放置在 4s 的位置, 将鼠标指针放在 "美丽的田野" 文件的尾部, 当鼠标指针呈┨状时, 向前拖曳鼠标到 4s 的位置, 如图 3-110 所示。

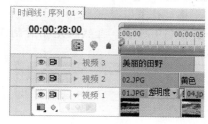

图 3-109　　　　　　　　　　　　　　　　图 3-110

(11) 将时间指示器放置在 0s 的位置。选择 "特效控制台" 面板, 展开 "运动" 选项, 将 "位置" 选项设为 360 和 26, 单击 "位置" 选项前面的记录动画按钮 🔲, 记录第 1 个动画关键帧, 如图 3-111 所示。将时间指示器放置在 1:02s 的位置, 将 "位置" 选项设为 360 和 280, 记录第 2 个关键帧, 如图 3-112 所示。在 "节目" 窗口中预览效果, 如图 3-113 所示。

图 3-111　　　　　　　　　图 3-112　　　　　　　　　图 3-113

(12) 选择 "序列 > 添加轨道" 命令, 弹出 "添加视音轨" 对话框, 选项设置如图 3-114 所示, 单击 "确定" 按钮, 在 "时间线" 窗口中添加 1 条视频轨道。

(13) 将 "项目" 面板中的 "03" 文件拖曳到 "时间线" 窗口中的 "视频 4" 轨道中, 如图 3-115 所示。将时间指示器放置在 4s 的位置, 将鼠标指针放在 "03" 文件的尾部, 当鼠标指针呈┨状时, 向前拖曳鼠标到 4s 的位置, 如图 3-116 所示。

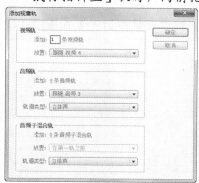
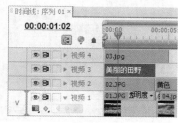
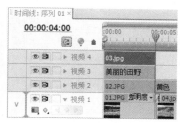

图 3-114　　　　　　　　　图 3-115　　　　　　　　　图 3-116

(14) 选择 "特效控制台" 面板, 展开 "运动" 选项, 将 "位置" 选项设为-153.5 和 630,

"缩放比例"选项设为 24.5，如图 3-117 所示。将时间指示器放置在 1:15s 的位置，单击"位置"和"旋转"选项前面的记录动画按钮，如图 3-118 所示，记录第 1 个动画关键帧。将时间指示器放置在 2:21s 的位置，将"位置"选项设为 339.9 和 440，"旋转"选项设为 10.2，记录第 2 个关键帧，如图 3-119 所示。自然风光相册制作完成，效果如图 3-120 所示。

图 3-117

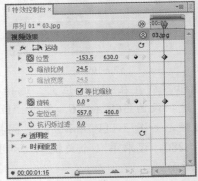

图 3-118

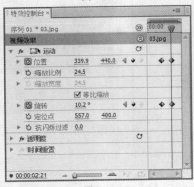

图 3-119

图 3-120

3.2.3　制作城市夜景相册

【案例知识要点】

使用"字幕"命令添加相册主题文字；使用"特效控制台"面板制作文字与图像的位置和透明度动画；使用"效果"面板添加照片之间的切换特效。城市夜景相册效果如图 3-121 所示。

图 3-121

【案例操作步骤】

1. 添加项目文件

(1) 启动 Premiere Pro CS4 软件，弹出"欢迎使用 Adobe Premiere Pro"欢迎界面，单击
    "新建项目"按钮，弹出"新建项目"对话框。设置"位置"选项，选择保存文件
    路径，在"名称"文本框中输入文件名"制作城市夜景相册"，如图 3-122 所示。单击
    "确定"按钮，弹出"新建序列"对话框，在左侧的列表中展开"DV-PAL"选项，选
    中"标准 48kHz"模式，如图 3-123 所示，单击"确定"按钮。

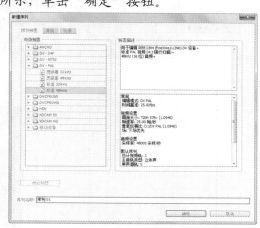

图 3-122　　　　　　　　　　　　　　　　图 3-123

(2) 选择"文件 > 导入"命令，弹出"导入"对话框，选择素材中的"项目三\制作城市夜
    景相册\素材\01~12"文件，单击"打开"按钮导入文件，如图 3-124 所示。导入后的文
    件排列在"项目"面板中，如图 3-125 所示。

图 3-124　　　　　　　　　　　　　　　图 3-125

(3) 选择"文件 > 新建 > 字幕"命令，弹出"新建字幕"对话框，选项设置如图 3-126 所
    示，单击"确定"按钮，弹出字幕编辑面板。选择"文字"工具，在字幕窗口中输
    入文字"都市夜景"，在"字幕样式"子面板中单击需要的样式，字幕窗口中的效果如
    图 3-127 所示。

(4) 选择"字幕属性"面板，展开"属性"选项，设置如图 3-128 所示。在字幕窗口中的效
    果如图 3-129 所示。

图 3-126

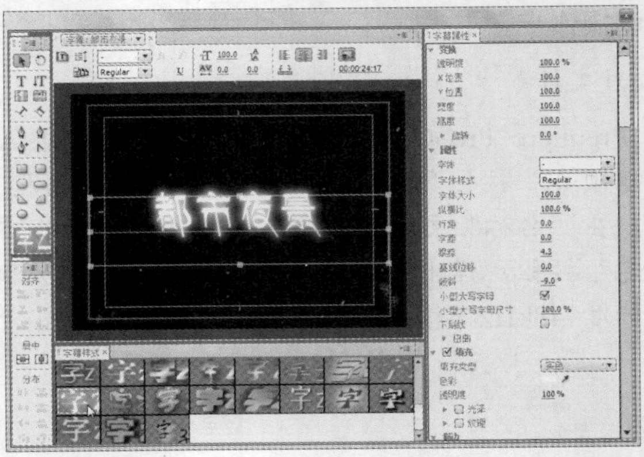

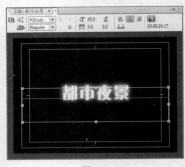

图 3-127

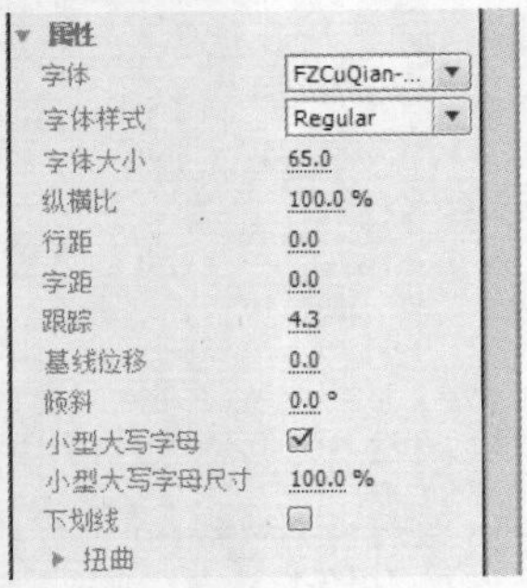

图 3-128

图 3-129

2. 制作图像动画

(1) 在"项目"面板中选中"11"文件并将其拖曳到"时间线"窗口中的"视频 1"轨道中，如图 3-130 所示。将时间指示器放置在 30:02s 的位置，将鼠标指针放在"11"文件的尾部，当鼠标指针呈┨状时，向后拖曳鼠标到 30:02s 的位置，如图 3-131 所示。

图 3-130

图 3-131

(2) 将时间指示器放置在 29:05s 的位置，选择"特效控制台"面板，展开"透明度"选项，单击选项右侧的"添加/移除关键帧"按钮，记录第 1 个关键帧，如图 3-132 所示。将时间指示器放置在 30:02s 的位置，设置如图 3-133 所示，记录第 2 个关键帧。

图 3-132

图 3-133

(3) 将时间指示器放置在 0:02s 的位置,在"项目"面板中选中"01"文件并将其拖曳到"时间线"窗口中的"视频 2"轨道中,如图 3-134 所示。在"时间线"窗口中选取"01"文件。在"特效控制台"面板中展开"透明度"选项,将"透明度"选项设为 40%,如图 3-135 所示。在"节目"窗口中预览效果,如图 3-136 所示。

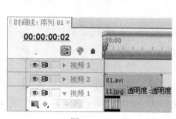

图 3-134

图 3-135

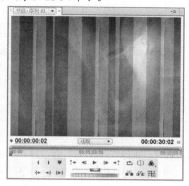

图 3-136

(4) 在"时间线"窗口中选取"01"文件,按<Ctrl>+<C>组合键复制文件。将时间指示器放置在 6:02s 的位置,连续按 4 次<Ctrl>+<V>组合键,粘贴 4 个文件,如图 3-137 所示。选取最后粘贴的"01"文件,将时间指示器放置在 24:02s 的位置。在"特效控制台"面板中展开"透明度"选项,将"透明度"选项设为 100%,如图 3-138 所示,记录第 1 个动画关键帧。

(5) 将时间指示器放置在 29:02s 的位置,单击选项右侧的"添加/移除关键帧"按钮◈,记录第 2 个动画关键帧,如图 3-139 所示。将时间指示器放置在 30:02s 的位置,将"透明度"选项设为 0%,记录第 3 个动画关键帧,如图 3-140 所示。

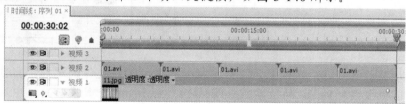

图 3-137

图 3-138

图 3-139

图 3-140

(6) 选择"窗口 > 工作区 > 效果"命令,弹出"效果"面板,展开"视频切换"分类选项,单击"叠化"文件夹前面的三角形按钮▶将其展开,选中"交叉叠化"特效,如图 3-141 所示。将其拖曳到"时间线"窗口中的第 1 个"01"文件的结尾处与第 2 个"01"文件的开始位置,如图 3-142 所示。用相同的方法再将其添加到第 2 个"01"文件的结尾处与第 3 个 "01" 文件的开始位置，如图 3-143 所示。

 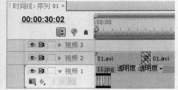 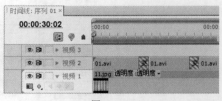

图 3-141　　　　　　　　图 3-142　　　　　　　　图 3-143

(7) 将时间指示器放置在 3s 的位置，在"项目"面板中选中"02"文件并将其拖曳到"时间线"窗口中的"视频 3"轨道中，如图 3-144 所示。在"特效控制台"面板中展开"运动"选项，将"位置"选项设为 281.5 和 288，取消勾选"等比缩放"复选框，将"缩放高度"选项设为 59，"缩放宽度"选项设为 57，如图 3-145 所示。在"节目"窗口中预览效果，如图 3-146 所示。

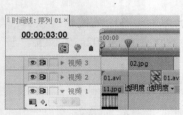  

图 3-144　　　　　　　　图 3-145　　　　　　　　图 3-146

(8) 将时间指示器放置在 6s 的位置，将鼠标指针放在"02"文件的尾部，当鼠标指针呈状时，向前拖曳鼠标到 6s 的位置，如图 3-147 所示。在"效果"面板中展开"视频切换"分类选项，单击"叠化"文件夹前面的三角形按钮▶将其展开，选中"交叉叠化"特效，如图 3-148 所示。将其拖曳到"时间线"窗口中的"02"文件的开始位置，如图 3-149 所示。

图 3-147　　　　　　　　图 3-148　　　　　　　　图 3-149

(9) 在"项目"面板中选中"03"文件并将其拖曳到"时间线"窗口中的"视频 3"轨道中，如图 3-150 所示。在"特效控制台"面板中展开"运动"选项，将"位置"选项设为 285.6 和 298.6，取消勾选"等比缩放"复选框，将"缩放高度"选项设为60.6，"缩放宽度"选项设为 56.6，如图 3-151 所示。在"节目"窗口中预览效果，如图 3-152 所示。

| 图 3-150 | 图 3-151 | 图 3-152 |

(10) 将时间指示器放置在 9:02s 的位置，将鼠标指针放在"03"文件的尾部，当鼠标指针呈 ✛ 状时，向前拖曳鼠标到 9:02s 的位置，如图 3-153 所示。在"效果"面板中展开"视频切换"分类选项，单击"擦除"文件夹前面的三角形按钮 ▶ 将其展开，选中"软百叶窗"特效，如图 3-154 所示。将其拖曳到"时间线"窗口中的"02"文件的结尾处与"03"文件的开始位置，如图 3-155 所示。用相同的方法在"时间线"窗口中添加其他文件和适当的过渡切换，如图 3-156 所示。

图 3-153　　　　　　　图 3-154　　　　　　　图 3-155

图 3-156

(11) 选择"序列 > 添加轨道"命令，弹出"添加视音轨"对话框，选项的设置如图 3-157所示，单击"确定"按钮，在"时间线"窗口中添加 2 条视频轨道。将时间指示器放置在 0:02s 的位置，在"项目"面板中选中"都市夜景"文件并将其拖曳到"时间线"

窗口中的"视频 4"轨道中，如图 3-158 所示。

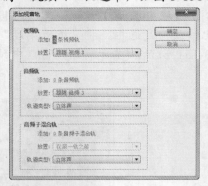

图 3-157

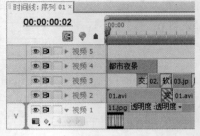

图 3-158

(12) 在"时间线"窗口中选取"都市夜景"文件。在"特效控制台"面板中展开"运动"选项，将"位置"选项设为-250 和 288，单击选项前面的记录动画按钮 ⏱，记录第 1 个动画关键帧，如图 3-159 所示。将时间指示器放置在 1:02s 的位置，将"位置"选项设为 360 和 288，记录第 2 个动画关键帧，如图 3-160 所示。在"节目"窗口中预览效果，如图 3-161 所示。

图 3-159

图 3-160

图 3-161

(13) 将时间指示器放置在 3s 的位置，将鼠标指针放在"都市夜景"文件的尾部，当鼠标指针呈 ⟷ 状时，向前拖曳鼠标到 3s 的位置，如图 3-162 所示。在"项目"面板中选中"都市夜景"文件并再次将其拖曳到"时间线"窗口中的"视频 4"轨道中，如图 3-163 所示。

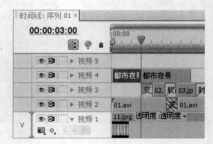

图 3-162

图 3-163

(14) 将时间指示器放置在 29:12s 的位置，将鼠标指针放在"都市夜景"文件的尾部，当鼠标指针呈 ⟷ 状时，向后拖曳鼠标到 29:12s 的位置，如图 3-164 所示。

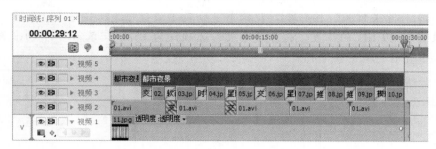

图 3-164

(15) 将时间指示器放置在 29:02s 的位置。在"特效控制台"面板中展开"运动"选项，将"位置"选项设为 589.8 和 466.8，"缩放比例"选项设为 52。展开"透明度"选项，单击"透明度"选项右侧的"添加/移除关键帧"按钮，记录第 1 个动画关键帧，如图 3-165 所示。将时间指示器放置在 29:12s 的位置，在"特效控制台"面板中将"透明度"选项设为 0%，记录第 2 个动画关键帧，如图 3-166 所示。

图 3-165

图 3-166

(16) 将时间指示器放置在 3s 的位置，在"项目"面板中选中"12"文件并将其拖曳到"时间线"窗口中的"视频 5"轨道中，如图 3-167 所示。将时间指示器放置在 29:12s 的位置，将鼠标指针放在"12"文件的尾部，当鼠标指针呈╬状时，向后拖曳鼠标到 29:12s 的位置，如图 3-168 所示。

图 3-167

图 3-168

(17) 在"时间线"窗口中选取"12"文件。在"特效控制台"面板中展开"运动"选项，将"位置"选项设为 285.9 和 295，"缩放比例"选项设为 119.9，如图 3-169 所示。将时间指示器放置在 3s 的位置，展开"透明度"选项，将"透明度"选项设为 0%，记录第 1 个动画关键帧，如图 3-170 所示。

(18) 将时间指示器放置在 3:20s 的位置，将"透明度"选项设为 100，记录第 2 个关键帧，如图 3-171 所示。将时间指示器放置在 29:01s 的位置，单击"透明度"选项右侧的"添加/移除关键帧"按钮，记录第 3 个动画关键帧，如图 3-172 所示。将时间指示器放置在 29:12s 的位置，将"透明度"选项设为 0%，记录第 4 个动画关键帧，如图 3-173 所示。城市夜景相册制作完成，如图 3-174 所示。

图 3-169

图 3-170

图 3-171

图 3-172

图 3-173

图 3-174

任务三　课后实战演练

3.3.1　海上乐园

【练习知识要点】

使用"马赛克"命令制作图像马赛克效果与动画；使用"渐变擦除"命令制作图像运动擦除；使用"时钟式划变"命令制作图像间的擦除切换。海上乐园效果如图 3-175 所示。

图 3-175

3.3.2   四季变化

【练习知识要点】

使用"色阶"命令调整图像的亮度；使用"伸展进入"命令制作转场图像的缩放大小效果；使用"缩放拖尾"命令制作转场图像的缩小变大效果；使用"时钟时划变"命令制作转场图像的擦除效果。四季变化效果如图 3-173 所示。

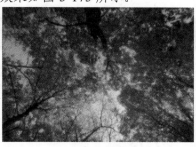

图 3-176

项目四

制作电视纪录片

本项目主要介绍 Premiere Pro CS4 中的视频特效，这些特效可以应用在视频、图片和文字上。通过对本项目的学习，读者可以快速了解并掌握视频特效制作的精髓部分，随心所欲地创作出丰富多彩的视觉效果。

学习目标

使用关键帧制作动画。

任务一　使用关键帧制作动画

在 Premiere Pro CS4 中，可以添加、选择和编辑关键帧，下面对关键帧的基本操作进行具体介绍。

4.1.1　了解关键帧

若使效果随时间而改变，可以使用关键帧技术。当创建了一个关键帧后，就可以指定一个效果属性在确切的时间点上的值，当为多个关键帧赋予不同的值时，Premiere Pro CS4 会自动计算关键帧之间的值，这个处理过程称为"插补"。对于大多数标准效果，都可以在素材的整个时间长度中设置关键帧。对于固定效果，如位置和缩放，可以设置关键帧，使素材产生动画，也可以移动、复制或删除关键帧和改变插补的模式。

4.1.2　激活关键帧

为了设置动画效果属性，必须激活属性的关键帧，任何支持关键帧的效果属性都包括固定动画按钮🖼，单击该按钮可插入一个关键帧。插入关键帧（即激活关键帧）后，就可以添加和调整素材所需要的属性，效果如图 4-1 所示。

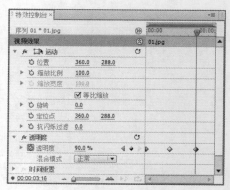

图 4-1

4.1.3 实训项目：飘落的花瓣

【案例知识要点】

使用"位置"和"缩放比例"选项编辑图像的位置与大小；使用"色度键"命令编辑图像的颜色与透明度；使用"色彩平衡"命令调整图像颜色；使用"边角固定"命令编辑图像侧边大小。飘落的花瓣效果如图 4-2 所示。

图 4-2

【案例操作步骤】

1. 新建项目与导入素材

(1) 启动 Premiere Pro CS4 软件，弹出"欢迎使用 Adobe Premiere Pro"欢迎界面，单击"新建项目"按钮 ▓，弹出"新建项目"对话框。设置"位置"选项，选择保存文件路径，在"名称"文本框中输入文件名"飘落的花瓣"，如图 4-3 所示。单击"确定"按钮，弹出"新建序列"对话框，在左侧的列表中展开"DV-PAL"选项，选中"标准48kHz"模式，如图 4-4 所示，单击"确定"按钮。

图 4-3

图 4-4

(2) 选择"文件 > 导入"命令，弹出"导入"对话框，选择素材中的"项目四\飘落的花瓣\素材\01 和 02"文件，单击"打开"按钮导入视频文件，如图 4-5 所示。导入后的文件排列在"项目"面板中，如图 4-6 所示。

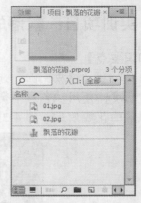

图 4-5 　　　　　　　　　　　　　　　　图 4-6

(3) 在"项目"面板中选中"01"文件并将其拖曳到"时间线"窗口中的"视频 1"轨道中，选中"02"文件，拖曳到"时间线"窗口中的"视频 2"轨道中，如图 4-7 所示。将时间指示器放置在 6s 的位置，在"时间线"窗口中的"视频 1"轨道上选中"01"文件，将鼠标指针放在"01"文件的尾部，当鼠标指针呈╫状时，向后拖曳鼠标到 6s 的位置，如图 4-8 所示。

图 4-7 　　　　　　　　　　　　　　　　图 4-8

(4) 将时间指示器放置在 1s 的位置，在"时间线"窗口中的"视频 2"轨道上选中"02"文件，将鼠标指针放在"02"文件的头部，当鼠标指针呈╫状时，向后拖曳鼠标到 1s 的位置，如图 4-9 所示。将时间指示器放置在 4s 的位置，将鼠标指针放在"02"文件的尾部，当鼠标指针呈╫状时，向前拖曳鼠标到 4s 的位置，如图 4-10 所示。

图 4-9 　　　　　　　　　　　　　　　　图 4-10

2. 编辑花瓣动画

(1) 将时间指示器放置在 1s 的位置，选择"特效控制台"面板，展开"运动"选项，将"位置"选项设置为 210 和-30，"缩放比例"选项设置为 40，单击"位置"和"缩放比例"选项前面的记录动画按钮，如图 4-11 所示，记录第 1 个动画关键帧。将时间指示器放置在 2s 的位置，"位置"选项设置为 100 和 266，"缩放比例"选项设置为 40，如图 4-12 所示，记录第 2 个动画关键帧。

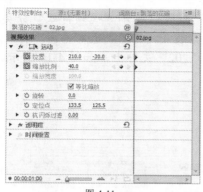 

图 4-11　　　　　　　　　图 4-12

(2) 将时间指示器放置在 4s 的位置，"位置"选项设置为 350 和 660，如图 4-13 所示，记录第 3 个动画关键帧。

(3) 选择"窗口 > 效果"命令，弹出"效果"面板，展开"视频特效"分类选项，单击"键控"文件夹前面的三角形按钮▶将其展开，选中"色度键"特效，如图 4-14 所示。将"色度键"特效拖曳到"时间线"窗口中的"视频 2"轨道的"02"文件上，如图 4-15 所示。

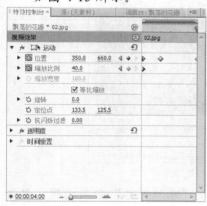  

图 4-13　　　　　　图 4-14　　　　　　图 4-15

(4) 选择"特效控制台"面板，展开"色度键"特效并进行参数设置，如图 4-16 所示。在"节目"窗口中预览效果，如图 4-17 所示。

图 4-16　　　　　　　　　图 4-17

91

(5) 选择"窗口 > 效果"命令，弹出"效果"面板，展开"视频特效"分类选项，单击 "色彩校正"文件夹前面的三角形按钮▶将其展开，选中"色彩平衡"特效，如图 4-18 所示。将其特效拖曳到"时间线"窗口中的"02"文件上，如图 4-19 所示。

图 4-18 　　　　　　　　　　　　　　　　图 4-19

(6) 在"特效控制台"面板中展开"色彩平衡"特效，参数设置如图 4-20 所示。在"节 目"窗口中预览效果，如图 4-21 所示。

图 4-20 　　　　　　　　　　　　　　　　图 4-21

(7) 选择"窗口 > 效果"命令，弹出"效果"面板，展开"视频特效"分类选项，单击 "扭曲"文件夹前面的三角形按钮▶将其展开，选中"边角固定"特效，如图 4-22 所 示。将"边角固定"特效拖曳到"时间线"窗口中的"视频 2"轨道上的"02"文件 上，如图 4-23 所示。

图 4-22 　　　　　　　　　　　　　　　　图 4-23

(8) 将时间指示器放置在 1s 的位置，在"特效控制台"面板中展开"边角固定"特效，单击"左上"、"右上"、"左下"和"右下"选项前面的记录动画按钮🔘，如图 4-24 所示，记录第 1 个动画关键帧。在"节目"窗口中预览效果，如图 4-25 所示。

图 4-24

图 4-25

(9) 将时间指示器放置在 2s 的位置，将"左上"选项设置为-19 和 26，"右上"选项设置为 300 和-28，"左下"选项设置为 40 和 206，"右下"选项设置为 316 和 160，如图 4-26 所示，记录第 2 个动画关键帧。将时间指示器放置在 4s 的位置，将"左上"选项设置为-36 和 17，"右上"选项设置为 333 和 26，"左下"选项设置为 31 和 216，"右下"选项设置为 344 和 235，如图 4-27 所示，记录第 3 个动画关键帧。

图 4-26

图 4-27

3. 编辑第 2 个花瓣动画

(1) 在"时间线"窗口中选择"视频 2"轨道中"02"文件，将时间指示器放置在 2s 的位置，按<Ctrl>+<C>组合键复制"视频 2"轨道中"02"文件，同时锁定 02、01 轨道。选择"视频 3"轨道，按<Ctrl>+<V>组合键将复制出的"02"文件粘贴到"视频 3"中，如图 4-28 所示。选中"视频 3"轨道中的"02"文件，在"特效控制台"面板中展开"运动"特效，单击"缩放比例"选项前面的记录动画按钮🔘，取消关键帧，将"缩放比例"选项设置为 30，如图 4-29 所示。

(2) 将时间指示器放置在 2s 的位置，单击"旋转"选项前面的记录动画按钮🔘，如图 4-30 所示，记录第 1 个动画关键帧。将时间指示器放置在 4s 的位置，将"旋转"选项设置为 183，如图 4-31 所示，记录第 2 个动画关键帧。

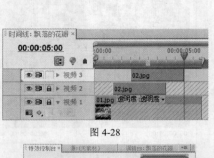

图 4-28 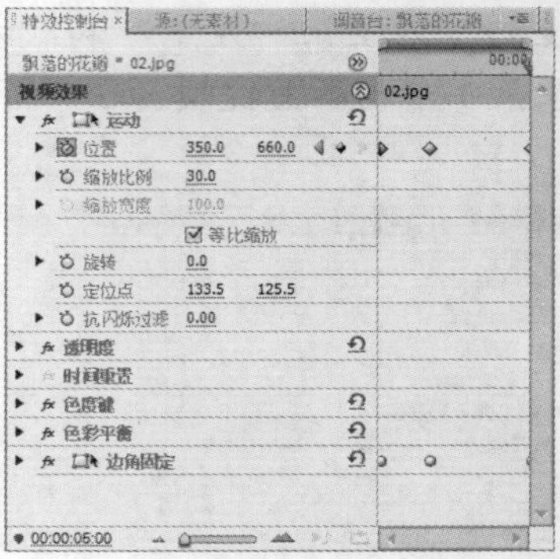   图 4-29

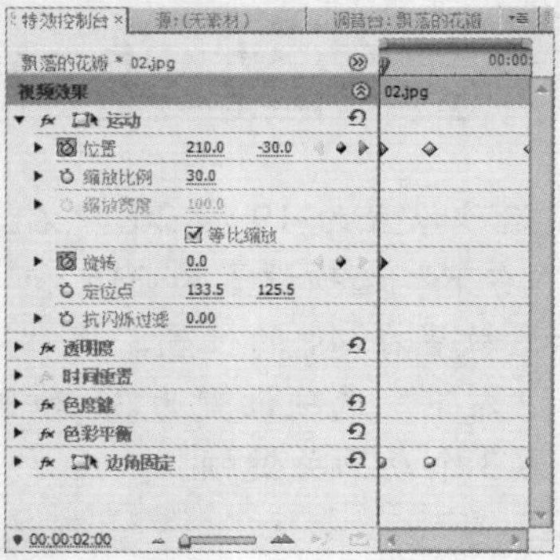

图 4-30 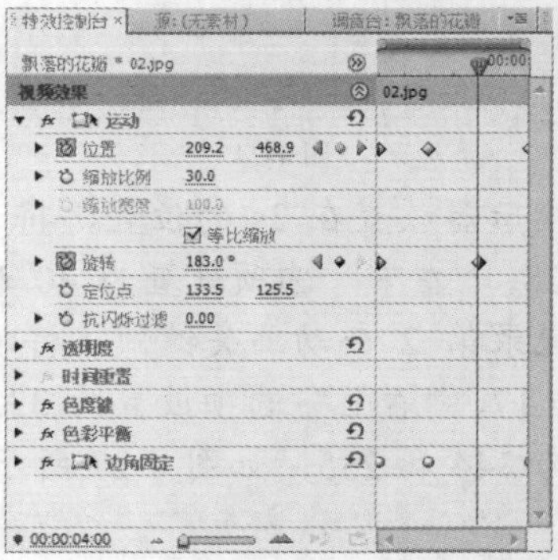   图 4-31

(3) 将时间指示器放置在 5s 的位置，将"旋转"选项设置为 350，如图 4-32 所示，记录第 3 个动画关键帧。在"节目"窗口中预览效果，如图 4-33 所示。用相同的方法制作 "视频 4"和"视频 5"轨道，如图 4-34 所示。解锁所有的轨道，飘落的花瓣制作完成，如图 4-35 所示。

图 4-32

图 4-33

图 4-34

图 4-35

任务二 综合实训项目

4.2.1 制作自然风光纪录片

【案例知识要点】

使用"字幕"命令添加纪录片文字；使用"特效控制台"面板制作文字的位置、缩放和透明度动画。使用"效果"面板添加照片之间的切换特效。自然风光纪录片效果如图 4-36 所示。

图 4-36

【案例操作步骤】

1. 添加项目图像

(1) 启动 Premiere Pro CS4 软件，弹出"欢迎使用 Adobe Premiere Pro"欢迎界面，单击"新建项目"按钮，弹出"新建项目"对话框。设置"位置"选项，选择保存文件路径，在"名称"文本框中输入文件名"制作自然风光纪录片"，如图 4-37 所示。单击"确定"按钮，弹出"新建序列"对话框，在左侧的列表中展开"DV-PAL"选项，选中"标准 48kHz"模式，如图 4-38 所示，单击"确定"按钮。

图 4-37

图 4-38

(2) 选择"文件 > 导入"命令，弹出"导入"对话框，选择素材中的"项目四\制作自然风光纪录片\素材\01~10"文件，单击"打开"按钮，导入视频文件，如图 4-39 所示。导入后的文件排列在"项目"面板中，如图 4-40 所示。

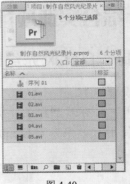

图 4-39   图 4-40

(3) 选择"文件 > 新建 > 字幕"命令，弹出"新建字幕"对话框，如图 4-41 所示，单击"确定"按钮，弹出字幕编辑面板。选择"文字"工具 [T]，在字幕窗口中输入文字"绚丽天空"，在"字幕样式"子面板中单击需要的样式，在"字幕属性"面板中设置适当的字体、文字大小和字距，字幕窗口中的效果如图 4-42 所示。

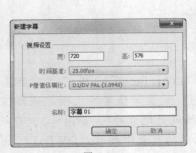

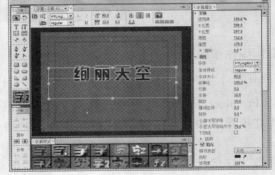

图 4-41   图 4-42

(4) 选择"文件 > 新建 > 字幕"命令，弹出"新建字幕"对话框，如图 4-43 所示，单击"确定"按钮，弹出字幕编辑面板。选择"文字"工具 [T]，在"字幕"窗口中输入文字"自然风光欣赏"，在"字幕样式"子面板中单击需要的样式，在"字幕属性"面板中设置适当的字体、文字大小和字距，字幕窗口中的效果如图 4-44 所示。用相同的方法添加其他字幕文件。

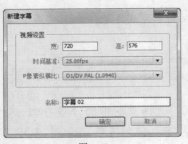

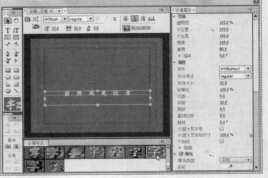

图 4-43   图 4-44

2. 制作图像背景并添加相册文字

(1) 在"项目"面板中选中"01~05"文件并将其拖曳到"时间线"窗口中的"视频 1"轨道上，如图 4-45 所示。

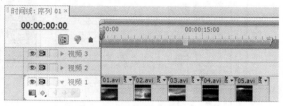

图 4-45

(2) 选择"窗口 > 工作区 > 效果"命令，弹出"效果"面板，展开"视频切换"分类选项，单击"缩放"文件夹前面的三角形按钮▶将其展开，选中"缩放拖尾"特效，如图 4-46 所示。将其拖曳到"时间线"窗口中的"01"文件的开始位置和"02"文件的结束位置。选取"缩放拖尾"特效，在"特效控制台"面板中将"持续时间"选项设为 1:16s，如图 4-47 所示。用相同的方法添加适当的视频切换，如图 4-48 所示。

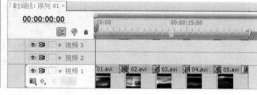

图 4-46　　　　图 4-47　　　　图 4-48

(3) 在"项目"面板中选中"字幕 01"文件并将其拖曳到"时间线"窗口中的"视频 2"轨道上，如图 4-49 所示。将时间指示器放置在 4s 的位置，在"视频 2"轨道上选中"字幕 01"文件，将鼠标指针放在"字幕 01"文件的尾部，当鼠标指针呈↔状时，向前拖曳鼠标到 4s 的位置，如图 4-50 所示。

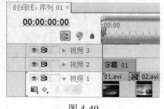

图 4-49　　　　　　　图 4-50

(4) 将时间指示器放置在 0s 的位置。选择"特效控制台"面板，展开"运动"选项，将"缩放比例"选项设为 0，单击选项前面的记录动画按钮，记录第 1 个动画关键帧，如图 4-51 所示。将时间指示器放置在 2s 的位置。将"缩放比例"选项设为 100，记录第 2 个动画关键帧，如图 4-52 所示。在"节目"窗口中预览效果，如图 4-53 所示。

图 4-51

图 4-52

图 4-53

(5) 将时间指示器放置在 5s 的位置。在"项目"面板中选中"字幕 03"文件并将其拖曳到"时间线"窗口中的"视频 2"轨道上，如图 4-54 所示。在"时间线"窗口中选取"字幕 02"文件。选择"特效控制台"面板，展开"运动"选项，将"位置"选项设为 360 和 410，单击选项前面的记录动画按钮 🕐，记录第 1 个动画关键帧，如图 4-55 所示。将时间指示器放置在 7s 的位置。将"位置"选项设为 360 和 288，记录第 2 个动画关键帧，如图 4-56 所示。在"节目"窗口中预览效果，如图 4-57 所示。

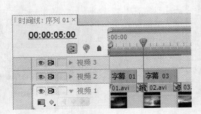

图 4-54

图 4-55

图 4-56

图 4-57

(6) 将时间指示器放置在 9s 的位置。选择"特效控制台"面板，展开"透明度"选项，将"透明度"选项设为 100%，单击选项右侧的"添加/移除关键帧"按钮 🔶，记录第 1 个关键帧，如图 4-58 所示。将时间指示器放置在 10s 的位置，将"透明度"选项设为 0%，记录第 2 个关键帧，如图 4-59 所示。用相同的方法添加其他字幕并制作位置和透明动画。

图 4-58

图 4-59

(7) 在"项目"面板中选中"字幕 02"文件并将其拖曳到"时间线"窗口中的"视频 3"轨道上，如图 4-60 所示。将时间指示器放置在 4s 的位置，在"视频 3"轨道上选中"字幕 02"文件，将鼠标指针放在"字幕 02"文件的尾部，当鼠标指针呈 ╬ 状时，向前拖曳鼠标到 4s 的位置，如图 4-61 所示。

图 4-60

图 4-61

(8) 选择"效果"面板，展开"视频切换"分类选项，单击"擦除"文件夹前面的三角形按钮 ▶ 将其展开，选中"擦除"特效，如图 4-62 所示。将其拖曳到"时间线"窗口中的"字幕 02"文件的开始位置，如图 4-63 所示。自然风光纪录片制作完成，如图 4-64 所示。

图 4-62

图 4-63

图 4-64

4.2.2 制作车展纪录片

【案例知识要点】

使用"位置"、"缩放比例"选项编辑视频文件的位置与大小；使用"色阶"命令调整视频颜色与亮度；使用"交叉叠化"命令制作视频之间的转场效果；使用"轨道遮罩键"命令制作文字蒙版；使用"Starglow"命令制作文字发光效果；添加音频"低音"特效。车展纪录片效果如图 4-65 所示。

图 4-65

【案例操作步骤】

1. 制作影片片头

(1) 启动 Premiere Pro CS4 软件，弹出"欢迎使用 Adobe Premiere Pro"欢迎界面，单击"新建项目"按钮，弹出"新建项目"对话框。设置"位置"选项，选择保存文件路径，在"名称"文本框中输入文件名"车展纪录片"，如图 4-66 所示。单击"确定"按钮，弹出"新建序列"对话框，在左侧的列表中展开"DV-PAL"选项，选中"标准48kHz"模式，如图 4-67 所示，单击"确定"按钮。

图 4-66

图 4-67

(2) 选择"文件 > 导入"命令，弹出"导入"对话框，选择素材中的"项目四\制作车展纪录片\素材\01、02、03、04、05、06、07、08、09、10、12、13、14、15、16、17、18和汽车嘉年华"文件，单击"打开"按钮，导入视频文件，如图 4-68 所示。导入后的文件排列在"项目"面板中，如图 4-69 所示。

图 4-68

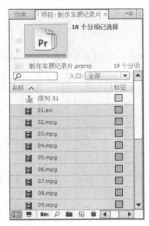

图 4-69

(3) 在"项目"面板中选中"01"文件并将其拖曳到"时间线"窗口中的"视频 1"轨道中，如图 4-70 所示。选择"特效控制台"面板，展开"运动"选项，将"缩放比例"选项设置为 125，如图 4-71 所示。

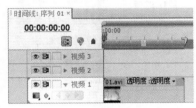

图 4-70

图 4-71

(4) 在"项目"面板中选中"汽车嘉年华"文件，将其拖曳到"时间线"窗口中的"视频 2"轨道中并调整其播放时间，如图 4-72 所示。将时间指示器放置在 2:14s 的位置，单击"视频 1"轨道中的"添加/移除关键帧"按钮，如图 4-73 所示，添加第 1 个关键帧。将时间指示器放置在 2:23s 的位置，单击"视频 1"轨道中的"添加/移除关键帧"按钮，添加第 2 个关键帧，用鼠标拖曳第 2 个关键帧移至最低，如图 4-74 所示。

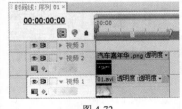

图 4-72

图 4-73

图 4-74

(5) 将时间指示器放置在 0s 的位置，选择"特效控制台"面板，展开"运动"选项，将"缩放比例"选项设置为 0，单击"缩放比例"选项前面的切换动画按钮，如图 4-75 所示，记录第 1 个动画关键帧。将时间指示器放置在 1:06s 的位置，将"缩放比例"选项设置为 100，记录第 2 个动画关键帧，如图 4-76 所示。在"节目"窗口中预览效果，如图 4-77 所示。

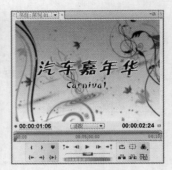

图 4-75　　　　　　　　　图 4-76　　　　　　　　　图 4-77

(6) 选择"窗口 > 工作区 > 效果"命令，弹出"效果"面板，展开"视频特效"分类选项，单击"FE 最终的效果"文件夹前面的三角形按钮▶将其展开，选中"FE 光线扫过"特效，如图 4-78 所示。将其拖曳到"时间线"窗口中的"汽车嘉年华"文件上，如图 4-79 所示。

图 4-78　　　　　　　　　　　　　　　图 4-79

(7) 选择"特效控制台"面板，展开"FE 光线扫过"特效，将时间指示器放置在 4s 的位置，将"光线中心"选项设置为 32、144，单击"光线中心"选项前面的记录动画按钮，如图 4-80 所示，记录第 1 个动画关键帧。将时间指示器放置在 2:14s 的位置，将"光线中心"选项设置为 620、144，如图 4-81 所示，记录第 2 个动画关键帧。在"节目"窗口中预览效果，如图 4-82 所示。

图 4-80　　　　　　　　　图 4-81　　　　　　　　　图 4-82

2. 添加素材并制作转场与特效

(1) 在"项目"面板中选中"02"文件并将其拖曳到"时间线"窗口中的"视频 1"轨道中，如图 4-83 所示。在"时间线"窗口中选中"02"文件，选择"素材 > 速度/持续时间"命令，弹出"素材速度/持续时间"对话框，设置"速度"数值为 180%，如图 4-84 所示。在"时间线"窗口中的显示如图 4-85 所示。

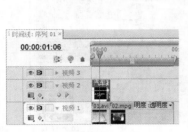

图 4-83   图 4-84   图 4-85

(2) 在"项目"面板中选中"03、04、05、06、07、09、10、11、12、13、14 和 15"文件并分别拖曳到"时间线"窗口中的"视频 1"轨道中，应用"速度/持续时间"命令，用同样的方法设置不同的速度和持续时间，如图 4-86 所示。

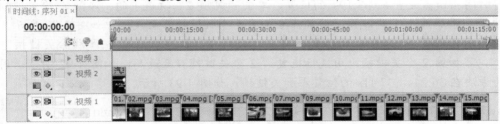

图 4-86

(3) 在"项目"面板中选中"08"文件并将其拖曳到"时间线"窗口中的"视频"轨道中，应用"速度/持续时间"命令，用同样的方法设置不同的速度和持续时间，如图 4-87 所示。选择"特效控制台"面板，展开"运动"选项，将"位置"选项设置为 555 和 448.8，"缩放比例"选项设置为 40，如图 4-88 所示。

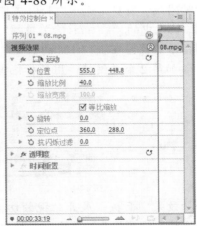

图 4-87   图 4-88

(4) 选择"效果"面板,展开"视频特效"分类选项,单击"键控"文件夹前面的三角形按钮 ▶ 将其展开,选中"颜色键"特效。将"颜色键"特效拖曳到"时间线"窗口中的"08"文件上,选择"特效控制台"面板,展开"颜色键"特效,参数设置如图 4-89 所示。在"节目"窗口中预览效果,如图 4-90 所示。

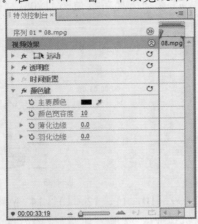

图 4-89

图 4-90

(5) 将时间指示器放置在 33:19s 的位置,单击"视频 2"轨道中的"添加/移除关键帧"按钮 ,添加第 1 个关键帧,用鼠标拖曳第 1 个关键帧移至最低,如图 4-90 所示。将时间指示器放置在 34:05s 的位置,单击"视频 2"轨道中的"添加/移除关键帧"按钮 ,添加第 2 个关键帧,用鼠标拖曳第 2 个关键帧移至最高,如图 4-92 所示。用同样的方法在 36:24s、37:11s 的位置添加关键帧,如图 4-93 所示。

图 4-91

图 4-92

图 4-93

(6) 在"时间线"窗口中选中"15"文件,将时间指示器放置在 1:16:20s 的位置,单击"视频 1"轨道中的"添加/移除关键帧"按钮 ,如图 4-94 所示,添加第 1 个关键帧。将时间指示器放置在 1:17:10s 的位置,单击"视频 1"轨道中的"添加/移除关键帧"按钮 ,添加第 2 个关键帧,用鼠标拖曳第 2 个关键帧移至最低,如图 4-95 所示。

图 4-94

图 4-95

(7) 选择"效果"面板,展开"视频切换"特效分类选项,单击"叠化"文件夹前面的三角形按钮 ▶ 将其展开,选中"黑场过渡"特效,如图 4-96 所示。将"黑场过渡"特效拖曳到"时间线"窗口中的"01"文件的结尾处与"02"文件的开始位置,如图 4-97

所示。使用相同的方法为"视频 1"轨道的其他素材添加不同视频切换特效，在"时间线"窗口中的效果如图 4-98 所示。

图 4-96　　　　　　　　　　　　　　　　图 4-97

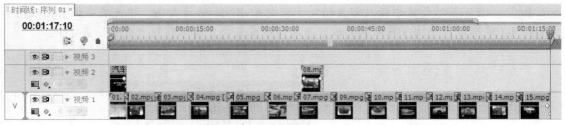

图 4-98

3. 制作影片片尾

(1) 在"项目"面板中选中"16"文件并将其拖曳到"时间线"窗口中的"视频 1"轨道中，如图 4-99 所示。选择"特效控制台"面板，展开"运动"选项，将"位置"选项设置为 360 和 350，"缩放比例"选项设置为 50，如图 4-100 所示。

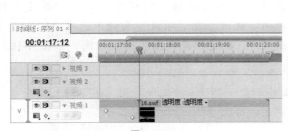

图 4-99　　　　　　　　　　　　　　　　图 4-100

(2) 在"时间线"窗口中选择"视频 1"轨道中的"16"文件，将时间指示器放置在 1:17:12s 的位置，按<Ctrl>+<C>组合键复制"视频 1"轨道中"16"文件，同时锁定该轨道。选择"视频 2"轨道，按<Ctrl>+<V>组合键将复制出的"16"文件粘贴到"视频 2"中，如图 4-101 所示，取消"视频 1"轨道锁定。选择"视频 2"轨道中的"16"文件，选择"特效控制台"面板，展开"运动"选项，将"位置"选项设置为 360 和 220，"旋转"选项设置为 180，如图 4-102 所示。

图 4-101　　　　　　　　　　　　　　　图 4-102

(3) 选择"文件 > 新建 > 字幕"命令，弹出"新建字幕"对话框，在"名称"文本框中输入"END"，如图 4-103 所示。单击"确定"按钮，弹出字幕编辑面板，选择"文字"工具 T，在字幕工作区中输入需要的文字，设置 RGB 值为白色，填充文字，其他设置如图 4-104 所示。关闭字幕编辑面板，新建的字幕文件自动保存到"项目"窗口中。

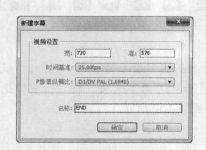

图 4-103　　　　　　　　　　　　　　　图 4-104

(4) 选择"序列 > 添加轨道"命令，弹出"添加轨道"对话框，单击"确定"按钮，在"时间线"窗口中添加一个"视频 4"轨道。在"项目"面板中选中"END"文件，将其拖曳到"时间线"窗口中的"视频 4"轨道中并调整其播放时间，如图 4-105 所示。

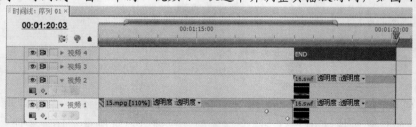

图 4-105

(5) 将时间指示器放置在 1:17:12s 的位置，选择"特效控制台"面板，展开"运动"选项，将"缩放比例"选项设置为 300，单击"缩放比例"选项前面的切换动画按钮，如图4-106 所示，记录第 1 个动画关键帧。将时间指示器放置在 1:18:02s 的位置，"缩放比例"选项设置为 100，如图 4-107 所示，记录第 2 个动画关键帧。

图 4-106

图 4-107

(6) 在"项目"面板中选中"17"文件并将其拖曳到"时间线"窗口中的"视频 3"轨道中,将时间指示器放置在 1:20:03s 的位置,将鼠标指针放在"17"文件的尾部,当鼠标指针呈┿状时,向后拖曳鼠标到 1:20:03s 的位置,如图 4-108 所示。将时间指示器放置在 1:17:12s 的位置,选择"特效控制台"面板,展开"透明度"选项,将"透明度"选项设置为 55%,单击"透明度"选项前面的切换动画按钮🕐,记录第 1 个动画关键帧。将时间指示器放置在 1:20:02s 的位置,"透明度"选项设置为 100%,记录第 2 个动画关键帧,如图 4-109 所示。

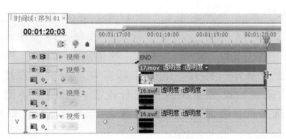
图 4-108

图 4-109

(7) 选择"窗口 > 工作区 > 效果"命令,弹出"效果"面板,展开"视频特效"分类选项,单击"键控"文件夹前面的三角形按钮▶将其展开,选中"轨道遮罩键"特效。将"轨道遮罩键"特效拖曳到"时间线"窗口中的"17"文件上,选择"特效控制台"面板,展开"轨道遮罩键"特效,参数设置如图 4-110 所示。在"节目"窗口中预览效果,如图 4-111 所示。

图 4-110

图 4-111

(8) 选择"效果"面板，展开"视频特效"分类选项，单击"Trapcode"文件夹前面的三角形按钮▶将其展开，选中"Starglow"特效。将"Starglow"特效拖曳到"时间线"窗口中的"17"文件上，选择"特效控制台"面板，展开"Starglow"特效，参数设置如图 4-112 所示。在"节目"窗口中预览效果，如图 4-113 所示。

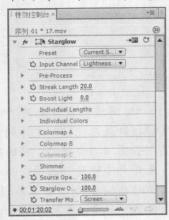

图 4-112

图 4-113

4. 制作模板展示框

(1) 选择"文件 > 新建 > 字幕"命令，弹出"新建字幕"对话框，在"名称"文本框中输入"模板"，其他选项的设置如图 4-114 所示。单击"确定"按钮，弹出字幕编辑面板，单击字幕面板左上角的"模板"按钮，打开"模板"对话框，选择"常规 > 不规则碎片 > 信箱模式"选项，单击"确定"按钮，返回字幕窗口，删除字幕模板中的文字，输入需要的文字并在"字幕属性"设置子面板中进行设置，分别调整图片的位置，如图 4-115 所示。关闭字幕编辑面板，新建的字幕文件保存到"项目"窗口中。

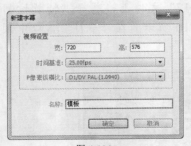

图 4-114

图 4-115

(2) 在"项目"面板中选中"模板"文件并将其拖曳到"时间线"窗口中的"视频 3"轨道中，将鼠标指针放在"模板"文件的尾部，当鼠标指针呈➕状时，向后拖曳鼠标到适当位置，如图 4-116 所示。选择"特效控制台"面板，展开"运动"选项，将"缩放比例"选项设置为 115，如图 4-117 所示。

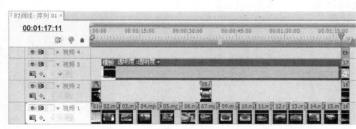

图 4-116   图 4-117

(3) 将时间指示器分别放置在 3s、3:13s、1:16:13s、1:17:11s 的位置，添加关键帧，分别用
    鼠标拖曳 3s 和 1:17:11s 的关键帧移至最低，如图 4-118 所示。车展纪录片制作完成，
    如图 4-119 所示。

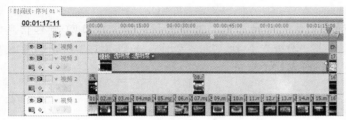

图 4-118   图 4-119

4.2.3 制作信息时代纪录片

【案例知识要点】

使用"字幕"命令添加纪录片主题文字和介绍性文字；使用"特效控制台"面板制作文
字与图像的位置和缩放动画；使用"效果"面板添加照片之间的切换特效。信息时代纪录片
效果如图 4-120 所示。

图 4-120

【案例操作步骤】

1. 添加项目文件

(1) 启动 Premiere Pro CS4 软件，弹出"欢迎使用 Adobe Premiere Pro"欢迎界面，单击
    "新建项目"按钮 ，弹出"新建项目"对话框。设置"位置"选项，选择保存文件
    路径，在"名称"文本框中输入文件名"制作信息时代纪录片"，如图 4-121 所示。单

击"确定"按钮，弹出"新建序列"对话框，在左侧的列表中展开"DV-PAL"选项，选中"标准 48kHz"模式，如图 4-122 所示，单击"确定"按钮。

图 4-121

图 4-122

(2) 选择"文件 > 导入"命令，弹出"导入"对话框，选择素材中的"项目四\制作信息时代纪录片\素材\01~12"文件，单击"打开"按钮，导入文件，如图 4-123 所示。导入后的文件排列在"项目"面板中，如图 4-124 所示。

图 4-123

图 4-124

(3) 选择"文件 > 新建 > 字幕"命令，弹出"新建字幕"对话框，选项的设置如图 4-125 所示。单击"确定"按钮，弹出字幕编辑面板，如图 4-126 所示。

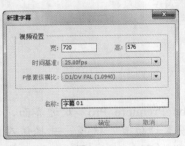

图 4-125

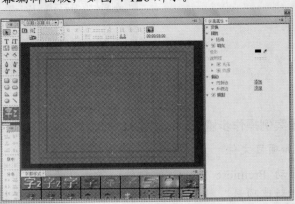

图 4-126

(4) 选择"文字"工具 T ，在"字幕"窗口中输入文字"信息时代 The Information Age"，单击"字幕属性栏"中的"居中"按钮 ，使文字居中对齐。选择"字幕属性"面板，展开"属性"选项，选取文字"信息时代"，选项的设置如图 4-127 所示。选取文字"The Information Age"，选项设置如图 4-128 所示。"字幕"窗口中的效果如图 4-129 所示。

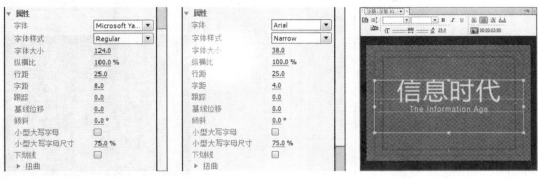

图 4-127　　　　　　　　图 4-128　　　　　　　　图 4-129

(5) 将文字同时选取，展开"填充"选项，选项设置如图 4-130 所示。展开"描边"选项，单击"外侧边"右侧的"添加"按钮，添加外侧边，选项的设置如图 4-131 所示。展开"阴影"选项，选项的设置如图 4-132 所示。"字幕"窗口中的效果如图 4-133 所示。

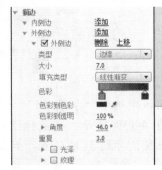

图 4-130　　　　　　　　　　　　图 4-131

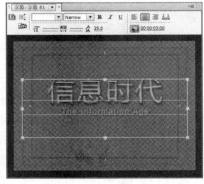

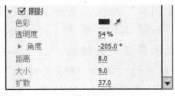

图 4-132　　　　　　　　图 4-133

(6) 选择"文件 > 新建 > 字幕"命令，弹出"新建字幕"对话框，选项设置如图 4-134 所示，单击"确定"按钮，弹出字幕编辑面板。选择"文字"工具 $\boxed{T}$，在"字幕"窗口中输入需要的文字。选取文字，选择"字幕属性"面板，展开"属性"选项，选项设置如图 4-135 所示，在"字幕"窗口中的效果如图 4-136 所示。用相同的方法制作"字幕 03"和"字幕 04"。

图 4-134

图 4-135

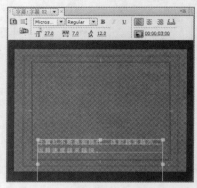

图 4-136

2. 制作图像动画

(1) 在"项目"面板中选中"01"文件并将其拖曳到"时间线"窗口中的"视频 1"轨道中，如图 4-137 所示。将时间指示器放置在 3s 的位置，将鼠标指针放在"01"文件的尾部，当鼠标指针呈 ╬ 状时，向前拖曳鼠标到 3s 的位置，如图 4-138 所示。

图 4-137

图 4-138

(2) 在"项目"面板中选中"字幕 01"文件并将其拖曳到"时间线"窗口中的"视频 2"轨道中，如图 4-139 所示。将鼠标指针放在"字幕 01"文件的尾部，当鼠标指针呈 ╬ 状时，向前拖曳鼠标到 3s 的位置，如图 4-140 所示。

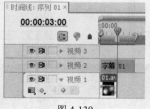

图 4-139

图 4-140

(3) 将时间指示器放置在 0s 的位置，选择"特效控制台"面板，展开"透明度"选项，将"透明度"选项设为 0%，记录第 1 个关键帧，如图 4-141 所示。将时间指示器放置在 1:15s 的位置，将"透明度"选项设为 100%，记录第 2 个关键帧，如图 4-142 所示。

(4) 将时间指示器放置在 2:17s 的位置，单击选项右侧的"添加/移除关键帧"按钮 ⬤，记录第 3 个关键帧，如图 4-143 所示。将时间指示器放置在 3s 的位置，将"透明度"选项设为 0%，记录第 4 个关键帧，如图 4-144 所示。

图 4-141

图 4-142

图 4-143

图 4-144

(5) 选择"文件 > 新建 > 序列"命令，弹出"新建序列"对话框，选项设置如图 4-145 所示。单击"确定"按钮，新建序列 02，时间线窗口如图 4-146 所示。

图 4-145

图 4-146

(6) 在"项目"面板中选中"02"文件并将其拖曳到"时间线"窗口中的"视频 1"轨道中，如图 4-147 所示。将时间指示器放置在 7:19s 的位置，将鼠标指针放在"02"文件的尾部，当鼠标指针呈╬状时，向前拖曳鼠标到 7:19s 的位置，如图 4-148 所示。

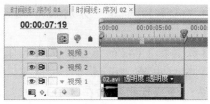

图 4-147

图 4-148

(7) 将时间指示器放置在 1:09s 的位置，在"项目"面板中选中"06"文件并将其拖曳到"时间线"窗口中的"视频 2"轨道中，如图 4-149 所示。在"时间线"窗口中选取

Premiere Pro CS4 视频编辑项目教程

"06"文件，将时间指示器放置在 1:14s 的位置，在"特效控制台"面板中展开"运动"选项，将"位置"选项设为 840 和 240，单击选项前面的记录动画按钮，记录第 1 个动画关键帧，如图 4-150 所示。将时间指示器放置在 6s 的位置，将"位置"选项设为-123.3 和 240，记录第 2 个动画关键帧，如图 4-151 所示。

图 4-149   图 4-150   图 4-151

(8) 将时间指示器放置在 2:18s 的位置，在"项目"面板中选中"07"文件并将其拖曳到"时间线"窗口中的"视频 3"轨道中，如图 4-152 所示。在"时间线"窗口中选取"07"文件。将时间指示器放置在 2:23s 的位置，在"特效控制台"面板中展开"运动"选项，将"位置"选项设为 840 和 240，单击选项前面的记录动画按钮，记录第 1 个动画关键帧，如图 4-153 所示。将时间指示器放置在 7:09s 的位置，将"位置"选项设为-123.3 和 240，记录第 2 个动画关键帧，如图 4-154 所示。

图 4-152   图 4-153   图 4-154

(9) 选择"序列 > 添加轨道"命令，弹出"添加视音轨"对话框，选项的设置如图 4-155 所示，单击"确定"按钮，在"时间线"窗口中添加 3 条视频轨道。用相同的方法在"视频 4"和"视频 5"轨道中分别添加 08 和 09 文件，并分别制作文件的位置动画，如图 4-156 所示。

(10) 将时间指示器放置在 1:04s 的位置，在"项目"面板中选中"字幕 02"文件并将其拖曳到"时间线"窗口中的"视频 6"轨道中，如图 4-157 所示。将时间指示器放置在 10:04s 的位置，将鼠标指针放在"字幕 02"文件的尾部，当鼠标指针呈状时，向后拖曳鼠标到 10:04s 的位置，如图 4-158 所示。

114

图 4-155

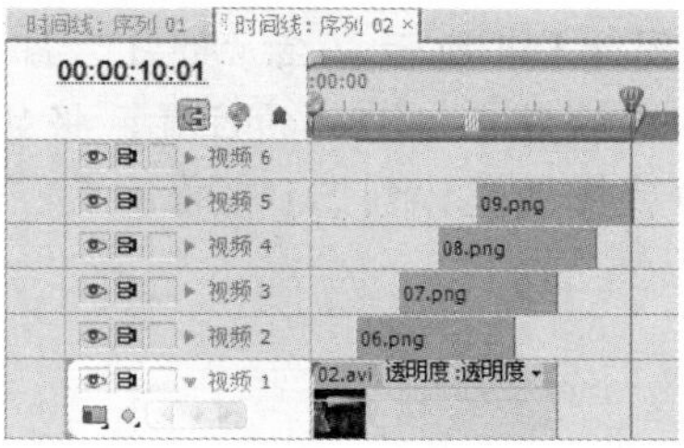

图 4-156

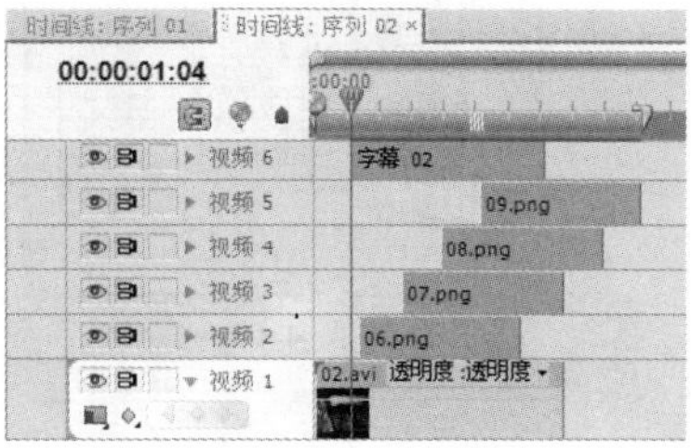

图 4-157

图 4-158

(11) 选择"文件 > 新建 > 序列"命令，弹出"新建序列"对话框，选项的设置如图 4-159 所示。单击"确定"按钮，新建序列 03，时间线窗口如图 4-160 所示。

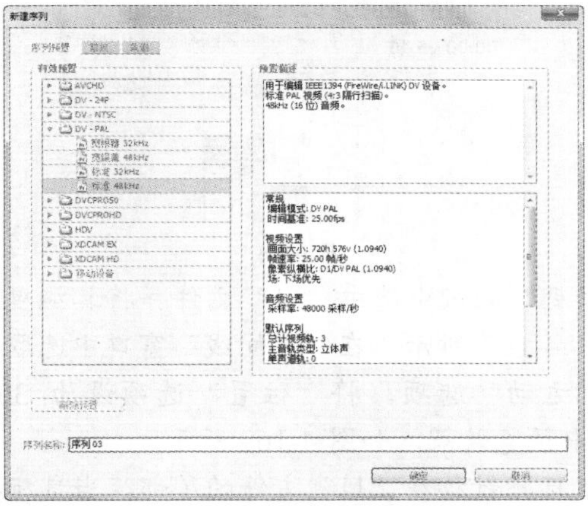

图 4-159

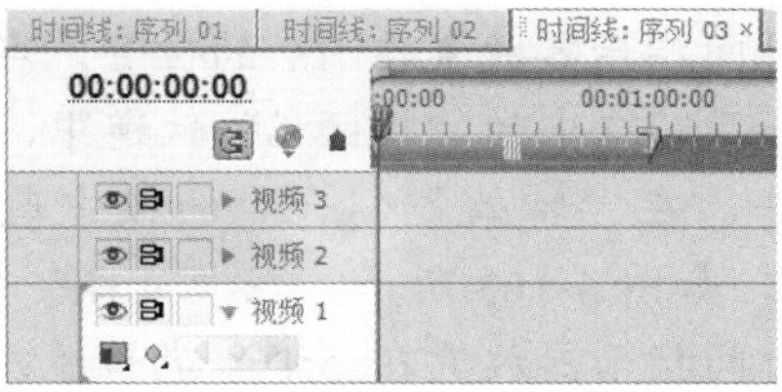

图 4-160

(12) 在"项目"面板中选中"03"文件并将其拖曳到"时间线"窗口中的"视频 1"轨道中，如图 4-161 所示。将时间指示器放置在 5:16s 的位置，将鼠标指针放在"03"文件的尾部，当鼠标指针呈 状时，向前拖曳鼠标到 5:16s 的位置，如图 4-162 所示。

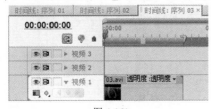

图 4-161

图 4-162

(13) 将时间指示器放置在 0:05s 的位置，在"项目"面板中选中"10"文件并将其拖曳到

"时间线"窗口中的"视频 2"轨道中,如图 4-163 所示。在"时间线"窗口中选取"10"文件。在"特效控制台"面板中展开"运动"选项,将"位置"选项设为 144.2 和 240,如图 4-164 所示。在"节目"窗口中预览效果,如图 4-165 所示。

(14) 将时间指示器放置在 5:16s 的位置,将鼠标指针放在"10"文件的尾部,当鼠标指针呈 _{⊕+} 状时,向后拖曳鼠标到 5:16s 的位置,如图 4-166 所示。

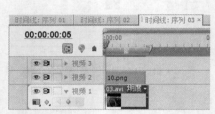

图 4-163

图 4-164

图 4-165

图 4-166

(15) 将时间指示器放置在 1s 的位置,在"项目"面板中选中"11"文件并将其拖曳到"时间线"窗口中的"视频 3"轨道中,如图 4-167 所示。在"时间线"窗口中选取"11"文件,在"特效控制台"面板中展开"运动"选项,将"位置"选项设为 364.9 和 240,如图 4-168 所示。在"节目"窗口中预览效果,如图 4-169 所示。

(16) 将时间指示器放置在 5:16s 的位置,将鼠标指针放在"11"文件的尾部,当鼠标指针呈 _{⊕+} 状时,向前拖曳鼠标到 5:16s 的位置,如图 4-170 所示。

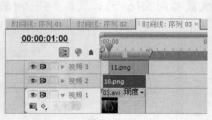

图 4-167

图 4-168

图 4-169

图 4-170

(17) 选择"序列 > 添加轨道"命令，弹出"添加视音轨"对话框，选项的设置如图 4-171 所示。单击"确定"按钮，在"时间线"窗口中添加 2 条视频轨道，如图 4-172 所示。

图 4-171

图 4-172

(18) 将时间指示器放置在 1:20s 的位置，在"项目"面板中选中"12"文件并将其拖曳到"时间线"窗口中的"视频 4"轨道中，如图 4-173 所示。在"时间线"窗口中选取"12"文件，在"特效控制台"面板中展开"运动"选项，将"位置"选项设为 583.7 和 240，如图 4-174 所示。在"节目"窗口中预览效果，如图 4-175 所示。

(19) 将时间指示器放置在 5:16s 的位置，将鼠标指针放在"12"文件的尾部，当鼠标指针呈状时，向前拖曳鼠标到 5:16s 的位置，如图 4-176 所示。

图 4-173

图 4-174

图 4-175

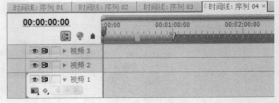

图 4-176

(20) 将时间指示器放置在 2:15s 的位置，在"项目"面板中选中"字幕 03"文件并将其拖曳到"时间线"窗口中的"视频 5"轨道中，如图 4-177 所示。将时间指示器放置在 5:16s 的位置，将鼠标指针放在"字幕 03"文件的尾部，当鼠标指针呈 ┿ 状时，向前拖曳鼠标到 5:16s 的位置，如图 4-178 所示。

图 4-177

图 4-178

(21) 选择"文件 > 新建 > 序列"命令，弹出"新建序列"对话框，选项的设置如图 4-179 所示。单击"确定"按钮，新建序列 04，时间线窗口如图 4-180 所示。

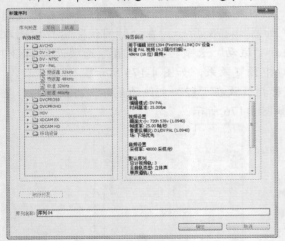

图 4-179

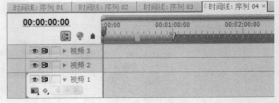

图 4-180

(22) 在"项目"面板中选中"04"文件并将其拖曳到"时间线"窗口中的"视频 1"轨道中，如图 4-181 所示。将时间指示器放置在 3s 的位置，将鼠标指针放在"04"文件的尾部，当鼠标指针呈 ┿ 状时，向前拖曳鼠标到 3s 的位置，如图 4-182 所示。

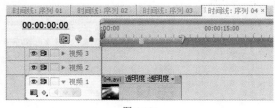 

图 4-181　　　　　　　　　　　　　　　图 4-182

(23) 在"项目"面板中选中"字幕 04"文件并将其拖曳到"时间线"窗口中的"视频 2"
轨道中，如图 4-183 所示。将时间指示器放置在 0s 的位置，在"时间线"窗口中选取
"字幕 04"文件。在"特效控制台"面板中展开"运动"选项，将"缩放比例"选项
设为 0，单击选项前面的记录动画按钮，记录第 1 个动画关键帧，如图 4-184 所示。

(24) 将时间指示器放置在 2s 的位置，将"缩放比例"选项设为 100，记录第 2 个动画关键
帧，如图 4-185 所示。将时间指示器放置在 3s 的位置，将鼠标指针放在"字幕 04"文
件的尾部，当鼠标指针呈　　状时，向前拖曳鼠标到 3s 的位置，如图 4-186 所示。

图 4-183　　　　　　　　　　　　　　　图 4-184

图 4-185　　　　　　　　　　　　　　　图 4-186

(25) 在"时间线"窗口中选取"序列 01"。在"项目"面板中选中"序列 02"文件并将其
拖曳到"时间线"窗口中的"视频 1"轨道中，如图 4-187 所示。将时间指示器放置在
9s 的位置，将鼠标指针放在"序列 02"文件的尾部，当鼠标指针呈　　状时，向前拖曳
鼠标到 9s 的位置，如图 4-188 所示。

图 4-187　　　　　　　　　　　　　　　　图 4-188

(26) 在"项目"面板中选中"序列 03"和"序列 04"文件并将其拖曳到"时间线"窗口中的"视频 1"轨道中，如图 4-189 所示。在"效果"面板中展开"视频切换"分类选项，单击"叠化"文件夹前面的三角形按钮▶将其展开，选中"交叉叠化"特效，如图 4-190 所示。将其拖曳到"时间线"窗口中的"01"文件的结尾处与"序列 02"文件的开始位置，如图 4-191 所示。用相同的方法在"时间线"窗口中添加适当的过渡切换，如图 4-192 所示。

图 4-189

图 4-190

图 4-191　　　　　　　　　　　　　　　　图 4-192

(27) 在"时间线"窗口中选取"交叉叠化"切换特效，在"特效控制台"面板中显示切换选项，将"持续时间"选项设为 2s，如图 4-193 所示。时间线窗口如图 4-194 所示。

图 4-193

图 4-194

(28) 在"项目"面板中选中"05"文件并将其拖曳到"时间线"窗口中的"视频 3"轨道
中，如图 4-195 所示。将时间指示器放置在 17:16s 的位置，将鼠标指针放在"05"文
件的尾部，当鼠标指针呈┿状时，向后拖曳鼠标到 17:16s 的位置，如图 4-196 所示。

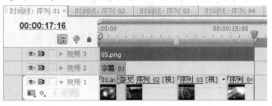

图 4-195　　　　　　　　　　　　　图 4-196

(29) 在"效果"面板中展开"视频切换"分类选项，单击"卷页"文件夹前面的三角形按
钮▶将其展开，选中"卷走"特效，如图 4-197 所示。将其拖曳到"时间线"窗口中的
"05"文件的开始位置，如图 4-198 所示。信息时代纪录片制作完成，在"节目"窗口
中预览效果，如图 4-199 所示。

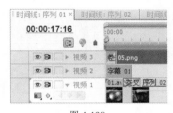
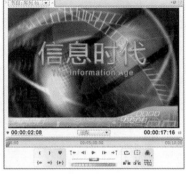

图 4-197　　　　　　　　　图 4-198　　　　　　　　　图 4-199

任务三　课后实战演练

4.3.1　镜像效果

【练习知识要点】

使用"缩放比例"选项改变图像的大小；使用"镜像"命令制作图像镜像；使用"裁
剪"命令剪切部分图像；使用"透明度"选项改变图像的不透明度；使用"照明效果"命令
改变图像的灯光亮度。镜像效果如图 4-200 所示。

图 4-200

4.3.2 夕阳斜照

【练习知识要点】

使用"缩放比例"命令编辑图像的大小；使用"基本信号控制"命令调整图像的颜色；使用"镜头光晕"命令编辑模拟强光折射效果。夕阳斜照效果如图 4-201 所示。

图 4-201

制作电视广告

本项目主要介绍在 Premiere Pro CS4 中素材调色、抠像与叠加的基础设置方法。调色、抠像与叠加属于 Premiere Pro CS4 剪辑中较高级的应用，它可以使影片通过剪辑产生完美的画面合成效果。通过本项目案例加强理解相关知识，使读者完全掌握 Premiere Pro CS4 的调色、抠像与叠加技术。

学习目标

视频调色的基础。
影视合成的技巧。

任务一　视频调色

在视频编辑过程中，调整画面的色彩是至关重要的，因此经常需要将拍摄的素材进行颜色的调整。抠像后也需要校色来使当前对象与背景协调。为此，Premiere Pro CS4 提供了一整套的图像调整工具。

在进行颜色校正前，必须要保正监视器显示颜色准确，否则调整出来的影片颜色就不准确。对监视器颜色的校正，除了使用专门的硬件设备外，也可以凭自己的眼睛来校准监视器色彩。

在 Premiere Pro CS4 中，"节目" 监视器面板提供了多种素材的显示方式，不同的显示方式，对分析影片有着重要的作用。

单击 "节目" 监视器窗口下方的 "输出" 按钮📷，在弹出的下拉列表中选择窗口不同的显示模式，如图 5-1 所示。

"合成视频"：在该模式下显示编辑合成后的影片效果。

"Alpha"：在该模式下显示影片 Alpha 通道。

"全部范围"：在该模式下显示所有颜色分析模式，包括波形、矢量、YCBCr 和 RGB。

"矢量示波图：在部分的电影制作中，会用到 "矢量图" 和 "YC 波形" 两种硬件设备，主要用于检测影片的颜色信号。"矢量图" 模式主要用于检测色彩信号。信号的色相饱和度构成一个圆形的图表，饱和度从圆心开始向外扩展，越向外，饱和度越高。

从图表中可以看出，图 5-2 所示上方素材的饱和度较低，绿色的饱和度信号处于中心位置，而下方的素材饱和度被提高，信号开始向外扩展。

图 5-1   图 5-2

　　"YC 波形"：该模式用于检测亮度信号时非常有用。它使用 IRE 标准单位进行检测。水平方向轴表示视频图像，垂直方向轴则检测亮度。在绿色的波形图表中，明亮的区域总是处于图表上方，而暗淡区域总在图表下方，如图 5-3 所示。

　　"YCbCr 检视"：该模式主要用于检测 NTSC 颜色区间。图表中左侧的垂直信号表示影片的亮度，右侧水平线为色相区域，水平线上的波形则表示饱和度的高低，如图 5-4 所示。

　　"RGB 检视"：该模式主要检测 RGB 颜色区间。图表中水平坐标从左到右分别为红、绿和蓝颜色区间，垂直坐标则显示颜色数值，如图 5-5 所示。

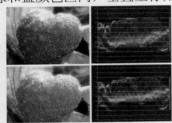 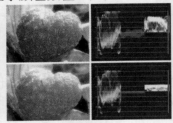 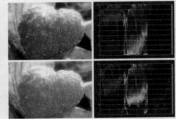

图 5-3   图 5-4   图 5-5

任务二　影视合成

　　在 Premiere Pro CS4 中，用户不仅能够组合和编辑素材，还能够使素材与其他素材相互叠加，从而生成合成效果。一些效果绚丽的复合影视作品就是通过使用多个视频轨道的叠加、透明以及应用各种类型的键控来实现的。虽然 Premiere Pro CS4 不是专用的合成软件，但却有着强大的合成功能，既可以合成视频素材，也可以合成静止的图像，或者在两者之间相加合成。合成是影视制作过程中一个很常用的重要技术，在 DV 制作过程中也比较常用。

5.2.1　影视合成简介

　　合成一般用于制作效果比较复杂的影视作品，简称复合影视，它主要通过使用多个视频素材的叠加、透明以及应用各种类型的键控来实现。在电视制作上，键控也常被称为"抠像"，而在电影制作中则被称为"遮罩"。Premiere Pro CS4 建立叠加的效果，是在多个视频轨道中的素材实现切换之后，才将叠加轨道上的素材相互叠加的，较高层轨道的素材会叠加在较低层轨道的素材上并在监视器窗口优先显示出来，也就意味着在其他素材的上面播放。

1. 透明

使用透明叠加的原理是因为每个素材都有一定的不透明度，在不透明度为 0%时，图像完全透明；在不透明度为 100%时，图像完全不透明；不透明度介于两者之间，图像呈半透明。在 Premiere Pro CS4 中，将一个素材叠加在另一个素材上之后，位于轨道上面的素材能够显示其下方素材的部分图像，所利用的就是素材的不透明度。因此，通过素材不透明度的设置，可以制作透明叠加的效果，如图 5-6 所示。

图 5-6

用户可以使用 Alpha 通道、蒙版或键控来定义素材透明度区域和不透明区域，通过设置素材的不透明度并结合使用不同的混合模式就可以创建出绚丽多彩的影视视觉效果。

2. Alpha 通道

素材的颜色信息都被保存在 3 个通道中，这 3 个通道分别是红色通道、绿色通道和蓝色通道。另外，在素材中还包含看不见的第 4 个通道，即 Alpha 通道，它用于存储素材的透明度信息。

当在"After Effects Composition"面板或者 Premiere Pro CS4 的监视器窗口中查看 Alpha 通道时，白色区域是完全不透明的，而黑色区域则是完全透明的，两者之间的区域则是半透明的。

3. 蒙版

"蒙版"是一个层，用于定义层的透明区域，白色区域定义的是完全不透明的区域，黑色区域定义完全透明的区域，两者之间的区域则是半透明的，这点类似于 Alpha 通道。通常，Alpha 通道就被用作蒙版，但是使用蒙版定义素材的透明区域时要比使用 Alpha 通道更方便，因为在很多的原始素材中不包含 Alpha 通道。

在 TGA、TIFF、EPS、Quick Time 等素材格式中都包含 Alpha 通道。在使用 Adobe Illustrator EPS 和 PDF 格式的素材时，After Effects 会自动将空白区域转换为 Alpha 通道。

4. 键控

前面已经介绍，在进行素材合成时，可以使用 Alpha 通道将不同的素材对象合成到一个场景中。但是在实际的工作中，能够使用 Alpha 通道进行合成的原始素材非常少，因为摄像机是无法产生 Alpha 通道的，这时候使用键控（即抠像）技术就非常重要了。

键控（即抠像）使用特定的颜色值（颜色键控或者色度键控）和亮度值（亮度键控）来定义视频素材中的透明区域。当断开颜色值时，颜色值或者亮度值相同的所有像素将变为透明。

使用键控可以很容易地为一幅颜色或者亮度一致的视频素材替换背景，这一技术一般称为"蓝屏技术"或"绿屏技术"，也就是背景色完全是蓝色或者绿色的，当然也可以是其他颜色的背景，如图 5-7、图 5-8 和图 5-9 所示。

图 5-7　　　　　　　　　　　图 5-8　　　　　　　　　　　图 5-9

5.2.2　合成视频

在非线性编辑中，每一个视频素材就是一个图层，将这些图层放置于"时间线"面板中的不同视频轨道上以不同的透明度相叠加，即可实现视频的合成效果。

1.　关于合成视频的几点说明

在进行合成视频操作之前，对叠加的使用应注意以下几点。

（1）叠加效果的产生必须是两个或者两个以上的素材，有时候为了实现效果可以创建一个字幕或者颜色蒙版文件。

（2）只能对重叠轨道上的素材应用透明叠加设置，在默认设置下，每一个新建项目都包含两个可重叠轨道——"视频 2"和"视频 3"轨道，当然也可以另外增加多个重叠轨道。

（3）在 Premiere Pro CS4 中，要叠加效果，首先合成视频主轨道上的素材（包括过渡转场效果），然后将被叠加的素材叠加到背景素材中去。在叠加过程中，首先叠加较低层轨道的素材，然后再以叠加后的素材为背景来叠加较高层轨道的素材，这样在叠加完成后，最高层的素材位于画面的顶层。

（4）透明素材必须放置在其他素材之上，将想要叠加的素材放置于叠加轨道上——"视频 2"或者更高的视频轨道上。

（5）背景素材可以放置在视频主轨道"视频 1"或"视频 2"轨道上，即较低层的叠加轨道上的素材可以作为较高层叠加轨道上素材的背景。

（6）必须对位于最高层轨道上的素材进行透明设置和调整，否则其下方的所有素材均不能显示出来。

（7）叠加有两种方式，一种是混合叠加方式，另一种是淡化叠加方式。

混合叠加方式是将素材的一部分叠加到另一个素材上，因此作为前景的素材最好具有单一的底色并且与需要保留的部分对比鲜明，这样很容易将底色变为透明，再叠加到作为背景的素材上，背景在前景素材透明处可见，从而使前景色保留的部分看上去像原来属于背景素材中的一部分一样。

淡化叠加方式通过调整整个前景的透明度，让前景整个暗淡，而背景素材逐渐显现出来，达到一种梦幻或朦胧的效果。

图 5-10 和图 5-11 所示为两种透明叠加方式的效果。

混合叠加方式　　　　　　　　　　　　　　淡化叠加方式

图 5-10　　　　　　　　　　　　　　　　图 5-11

2. 制作透明叠加合成效果

（1）将文件导入到"项目"面板中，如图 5-12 所示。

（2）分别将素材"06.jpg"和"07.jpg"拖曳到"时间线"面板中的"视频 1"和"视频 2"轨道上，如图 5-13 所示。

图 5-12　　　　　　　　　　　　　　　　图 5-13

（3）将鼠标指针移动到"视频 2"轨道的"07.jpg"素材的黄色线上，按住<Ctrl>键，当鼠标指针呈 ⊾+ 状时单击，创建一个关键帧，如图 5-14 所示。

（4）根据步骤（3）的操作方法在"视频 2"轨道素材上创建第 2 个关键帧，并且用鼠标向下拖动第 2 个关键帧（即降低不透明度值），如图 5-15 所示。

图 5-14　　　　　　　　　　　　　　　　图 5-15

（5）按照上述步骤的操作方法在"视频 2"轨道的素材上再创建 4 个关键帧，然后调整第 3 个、第 5 个关键帧的位置，如图 5-16 所示。

图 5-16

（6）将时间标记 移动到轨道开始的位置，然后在"节目"监视器窗口单击"播放-停止切换（Space）"按钮 ▶ / ■ 预览完成效果，如图 5-17、图 5-18 和图 5-19 所示。

图 5-17

图 5-18

图 5-19

5.2.3　实训项目：制作淡彩铅笔画

【案例知识要点】

使用"缩放比例"选项改变图像大小；使用"透明度"选项改变图像的不透明度；使用"查找边"命令编辑图像的边特果；使用"色阶"命令调整图像的亮度对比度；使用"黑白"命令将彩色图像转换为灰度图像；使用"笔触"命令制作图像的粗糙外观。淡彩铅笔画效果如图 5-20 所示。

图 5-20

【案例操作步骤】

1. 编辑图像大小

（1）启动 Premiere Pro CS4 软件，弹出"欢迎使用 Adobe Premiere Pro"欢迎界面，单击"新建项目"按钮 ，弹出"新建项目"对话框。设置"位置"选项，选择保存文件路径，在"名称"文本框中输入文件名"淡彩铅笔画"，如图 5-21 所示。单击"确定"按钮，弹出"新建序列"对话框，在左侧的列表中展开"DV-PAL"选项，选中"标准 48kHz"模式，如图 5-22 所示，单击"确定"按钮。

图 5-21

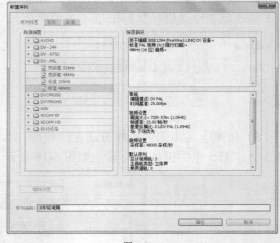
图 5-22

(2) 选择"文件 > 导入"命令，弹出"导入"对话框，选择素材中的"Ch05\淡彩铅笔画\素材\ 01"文件，单击"打开"按钮导入视频文件，如图 5-23 所示。导入后的文件排列在"项目"面板中，如图 5-24 所示。

图 5-23

图 5-24

(3) 在"项目"窗口中选中"01"文件，将"01"文件拖曳到"时间线"窗口中的"视频 1"轨道中，如图 5-25 所示。在"节目"窗口中预览效果，如图 5-26 所示。

图 5-25

图 5-26

(4) 在"时间线"窗口中选中"01"文件。选择"窗口 > 特效控制台"命令，弹出"特效控制台"面板，展开"运动"选项，将"缩放比例"选项设置为 80，如图 5-27 所示。在"节目"窗口中预览效果，如图 5-28 所示。

图 5-27

图 5-28

(5) 在"时间线"窗口中选中"01"文件，按<Ctrl>+<C>组合键复制层，并锁定该轨道，选中"视频 2"轨道，按<Ctrl>+<V>组合键粘贴层，如图 5-29 所示。选择"时间线"

窗口，选中"视频 2"轨道上的"01"文件，选择"特效控制台"面板，展开"透明度"选项，单击"透明度"选项前面的记录动画按钮 📷，取消关键帧，将"透明度"选项设置为 70%，如图 5-30 所示。选中"视频 1"轨道上的"01"文件，解除锁定。

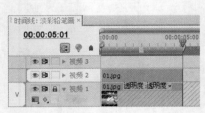

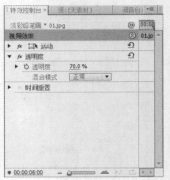

图 5-29　　　　　　　　　　　　　　　　图 5-30

2. 编辑图像特效

(1) 选择"窗口 > 效果"命令，弹出"效果"面板，展开"视频特效"分类选项，单击"风格化"文件夹前面的三角形按钮 ▶ 将其展开，选中"查找边缘"特效，如图 5-31 所示。将"查找边缘"特效拖曳到"时间线"窗口中的"视频 2"轨道"01"文件，如图 5-32 所示。

(2) 选择"特效控制台"面板，展开"查找边缘"特效，将"与原始图"选项设置为 50%，如图 5-33 所示。在"节目"窗口中预览效果，如图 5-34 所示。

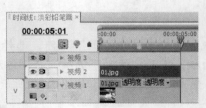

图 5-31　　　　　　　　　　　　　　　　图 5-32

图 5-33　　　　　　　　　　　　　　　　图 5-34

130

(3) 选择"效果"面板，展开"视频特效"分类选项，单击"调整"文件夹前面的三角形按钮▶将其展开，选中"色阶"特效，如图 5-35 所示。将"色阶"特效拖曳到"时间线"窗口中的"视频 2"轨道"01"文件上，如图 5-36 所示。

图 5-35　　　　　　　　　图 5-36

(4) 选择"特效控制台"面板，展开"色阶"特效，选项设置如图 5-37 所示。在"节目"窗口中预览效果，如图 5-38 所示。

图 5-37　　　　　　　　　图 5-38

(5) 选择"效果"面板，展开"视频特效"分类选项，单击"图像控制"文件夹前面的三角形按钮▶将其展开，选中"黑白"特效，如图 5-39 所示，将其拖曳到"时间线"窗口中的"视频 2"轨道"01"文件上，如图 5-40 所示。

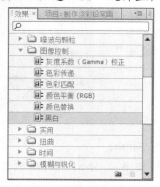

图 5-39　　　　　　　　　图 5-40

(6) 选择"效果"面板，展开"视频特效"分类选项，单击"风格化"文件夹前面的三角形按钮▶将其展开，选中"画笔描绘"特效，如图 5-41 所示。将其拖曳到"时间线"窗口中的"视频 2"轨道"01"文件上，如图 5-42 所示。

图 5-41

图 5-42

(7) 选择"特效控制台"面板，展开"画笔描绘"特效，选项设置如图 5-43 所示。淡彩铅笔画制作完成，如图 5-44 所示。

图 5-43

图 5-44

任务三　综合实训项目

5.3.1　制作电视机广告

【案例知识要点】

使用"导入"命令导入素材图片；使用"特效控制台"面板制作图片的位置和缩放比例的动画；使用"添加轨道"命令添加视频轨道。电视机广告效果如图 5-45 所示。

【案例操作步骤】

1. 导入图片

(1) 启动 Premiere Pro CS4 软件，弹出"欢迎使用 Adobe Premiere Pro"欢迎界面，单击"新建项目"按钮 ，弹出"新建项目"对话框。设置"位置"选项，选择保存文件路径，在"名称"文本框中输入文件名"制作电视机广告"，如图 5-46 所示。单击"确定"按钮，弹出"新建序列"对话框，在左侧的列表中展开"DV-PAL"选项，选中"标准 48kHz"模式，如图 5-47 所示，单击"确定"按钮。

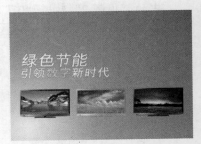

图 5-45

图 5-46

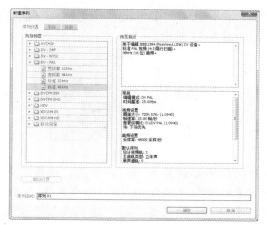
图 5-47

(2) 选择"文件 > 导入"命令，弹出"导入"对话框，选择素材中的"项目五\制作电视机广告\素材\01~11"文件，单击"打开"按钮导入文件，如图 5-48 所示。导入后的文件排列在"项目"面板中，如图 5-49 所示。

图 5-48

图 5-49

2. 制作文件的叠加动画

(1) 将时间指示器放置在 1s 的位置，在"项目"面板中选中"02"文件并将其拖曳到"时间线"窗口中的"视频 1"轨道上，如图 5-50 所示。将时间指示器放置在 11s 的位置，将鼠标指针放在"02"文件的尾部，当鼠标指针呈┼状时，向前拖曳鼠标到 11s 的位置，如图 5-51 所示。

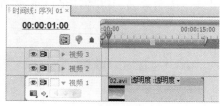
图 5-50

图 5-51

(2) 将时间指示器放置在 1s 的位置，在"项目"面板中选中"03"文件并将其拖曳到"时间线"窗口中的"视频 2"轨道上，如图 5-52 所示。将时间指示器放置在 11s 的位置，将鼠标指针放在"03"文件的尾部,当鼠标指针呈┿状时,向后拖曳鼠标到 11s 的位置,如图 5-53 所示。

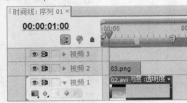

图 5-52   图 5-53

(3) 将时间指示器放置在 8s 的位置,选择"特效控制台"面板,展开"透明度"选项,将"透明度"选项设为 50,记录第 1 个动画关键帧,如图 5-54 所示。将时间指示器放置在 9:10s 的位置,将"透明度"选项设为 100%,记录第 2 个动画关键帧,如图 5-55 所示。

图 5-54   图 5-55

(4) 将时间指示器放置在 1s 的位置,在"项目"面板中选中"04"文件并将其拖曳到"时间线"窗口中的"视频 3"轨道上,如图 5-56 所示。将时间指示器放置在 9s 的位置,将鼠标指针放在"04"文件的尾部,当鼠标指针呈┿状时,向后拖曳鼠标到 9s 的位置,如图 5-57 所示。

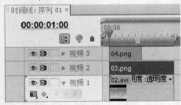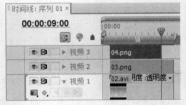

图 5-56   图 5-57

(5) 将时间指示器放置在 6s 的位置,选择"特效控制台"面板,展开"透明度"选项,单击选项右侧的"添加/移除关键帧"按钮◙,记录第 1 个动画关键帧,如图 5-58 所示。将时间指示器放置在 8s 的位置,将"透明度"选项设为 100%,记录第 2 个动画关键帧,如图 5-59 所示。

图 5-58   图 5-59

(6) 在"项目"面板中选中"11"文件并将其拖曳到"时间线"窗口中的"视频 3"轨道上，如图 5-60 所示。将时间指示器放置在 11s 的位置，将鼠标指针放在"11"文件的尾部，当鼠标指针呈 ⊢ 状时，向前拖曳鼠标到 11s 的位置，如图 5-61 所示。

图 5-60　　　　　　　　　　　　　图 5-61

(7) 将时间指示器放置在 9:02s 的位置，在"特效控制台"面板中展开"运动"选项，将"缩放比例"选项设为 80，展开"透明度"选项，将"透明度"选项设为 0%，记录第 1 个动画关键帧，如图 5-62 所示。将时间指示器放置在 9:08s 的位置，将"透明度"选项设为 100%，记录第 2 个动画关键帧，如图 5-63 所示。

图 5-62　　　　　　　　　　　　　图 5-63

(8) 选择"序列 > 添加轨道"命令，弹出"添加视音轨"对话框，选项设置如图 5-64 所示。单击"确定"按钮，在"时间线"窗口中添加 2 条视频轨道，如图 5-65 所示。

图 5-64　　　　　　　　　　　　　图 5-65

(9) 将时间指示器放置在 2s 的位置，在"项目"面板中选中"05"文件并将其拖曳到"时间线"窗口中的"视频 4"轨道上，如图 5-66 所示。将时间指示器放置在 4s 的位置，将鼠标指针放在"05"文件的尾部，当鼠标指针呈 ⊢ 状时，向前拖曳鼠标到 4s 的位置，如图 5-67 所示。

图 5-66

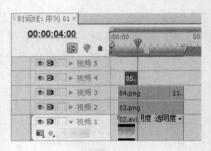

图 5-67

(10) 将时间指示器放置在 2s 的位置，在"特效控制台"面板中展开"运动"选项，将"位置"选项设为 377 和 400，"缩放比例"选项设为 80，单击"位置"选项左侧的"切换动画"按钮，记录第 1 个动画关键帧，如图 5-68 所示。将时间指示器放置在 3s 的位置，将"位置"选项设为 377 和 336，记录第 2 个动画关键帧，如图 5-69 所示。

图 5-68   图 5-69

(11) 在"项目"面板中选中"06"文件并将其拖曳到"时间线"窗口中的"视频 4"轨道上，如图 5-70 所示。将时间指示器放置在 6s 的位置，将鼠标指针放在"06"文件的尾部，当鼠标指针呈十状时，向前拖曳鼠标到 6s 的位置，如图 5-71 所示。

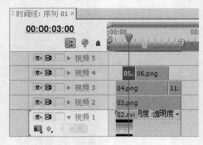

图 5-70

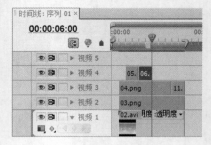

图 5-71

(12) 将时间指示器放置在 4s 的位置，在"特效控制台"面板中展开"运动"选项，将"位置"选项设为 377 和 400，"缩放比例"选项设为 80，单击"位置"选项左侧的"切换动画"按钮，记录第 1 个动画关键帧，如图 5-72 所示。将时间指示器放置在 5s 的位置，将"位置"选项设为 377 和 336，记录第 2 个动画关键帧，如图 5-73 所示。

图 5-72　　　　　　　　　　图 5-73

(13) 在 "项目" 面板中选中 "01" 文件并将其拖曳到 "时间线" 窗口中的 "视频 5" 轨道
上，如图 5-74 所示。将时间指示器放置在 6s 的位置，将鼠标指针放在 "01" 文件的尾
部，当鼠标指针呈 ✛ 状时，向后拖曳鼠标到 6s 的位置，如图 5-75 所示。

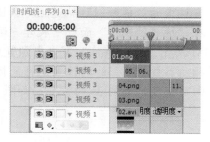

图 5-74　　　　　　　　　　图 5-75

(14) 将时间指示器放置在 0s 的位置，在 "特效控制台" 面板中展开 "运动" 选项，将 "位
置" 选项设为 360 和 341，"缩放比例" 选项设为 300，单击 "位置" 和 "缩放比例"
选项左侧的 "切换动画" 按钮 ⏱，记录第 1 个动画关键帧，如图 5-76 所示。将时间指
示器放置在 2:20s 的位置，将 "位置" 选项设为 360 和 288，"缩放比例" 选项设为
80，记录第 2 个动画关键帧，如图 5-77 所示。

图 5-76　　　　　　　　　　图 5-77

(15) 选择 "文件 > 新建 > 序列" 命令，弹出 "新建序列" 对话框，选项的设置如图 5-78
所示。单击 "确定" 按钮，新建序列 02，时间线窗口如图 5-79 所示。

137

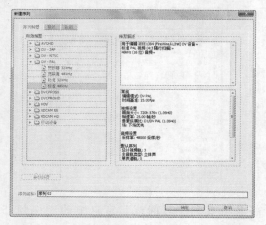

图 5-78

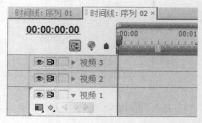

图 5-79

(16) 将时间指示器放置在 1s 的位置，在"项目"面板中选中"08"文件并将其拖曳到"时间线"窗口中的"视频 1"轨道上，如图 5-80 所示。在"时间线"窗口中选取"08"文件，在"特效控制台"面板中展开"运动"选项，将"位置"选项设为 360 和 268，如图 5-81 所示。在"节目"窗口中预览效果，如图 5-82 所示。

(17) 将时间指示器放置在 3s 的位置，将鼠标指针放在"08"文件的尾部，当鼠标指针呈 ✥状时，向前拖曳鼠标到 3s 的位置，如图 5-83 所示。

图 5-81

图 5-80

图 5-82

图 5-83

(18) 将时间指示器放置在 1:10s 的位置，在"项目"面板中选中"09"文件并将其拖曳到"时间线"窗口中的"视频 2"轨道上，如图 5-84 所示。在"时间线"窗口中选取

"09" 文件。在"特效控制台"面板中展开"运动"选项，将"位置"选项设为 360 和 268，如图 5-85 所示。在"节目"窗口中预览效果，如图 5-86 所示。

(19) 将时间指示器放置在 3s 的位置，将鼠标指针放在"09"文件的尾部，当鼠标指针呈 ╬ 状时，向前拖曳鼠标到 3s 的位置，如图 5-87 所示。

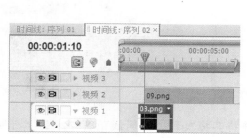

图 5-84

图 5-85

图 5-86

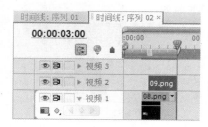

图 5-87

(20) 用相同的方法制作出"视频 3"轨道的效果，"节目"窗口如图 5-88 所示，时间线窗口如图 5-89 所示。

图 5-88

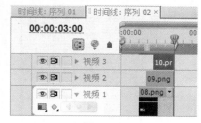

图 5-89

(21) 选择"序列 > 添加轨道"命令，弹出"添加视音轨"对话框，选项设置如图 5-90 所示。单击"确定"按钮，在"时间线"窗口中添加 1 条视频轨道，如图 5-91 所示。

Premiere Pro CS4 视频编辑项目教程

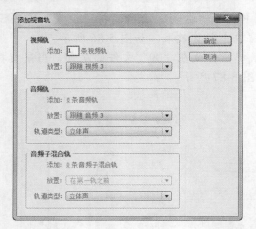

图 5-90

图 5-91

(22) 在"项目"面板中选中"07"文件并将其拖曳到"时间线"窗口中的"视频 4"轨道上,如图 5-92 所示。将鼠标指针放在"07"文件的尾部,当鼠标指针呈┿状时,向前拖曳鼠标到 3s 的位置,如图 5-93 所示。

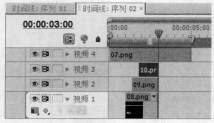

图 5-92

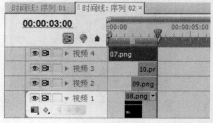

图 5-93

(23) 将时间指示器放置在 0s 的位置,在"特效控制台"面板中展开"运动"选项,将"位置"选项设为 1100 和 304,"缩放比例"选项设为 60,单击"位置"选项左侧的"切换动画"按钮,记录第 1 个动画关键帧,如图 5-94 所示。将时间指示器放置在 2s 的位置,将"位置"选项设为 232.8 和 304,记录第 2 个动画关键帧,如图 5-95 所示。

图 5-94

图 5-95

(24) 在"时间线"窗口中选取"序列 01"。在"项目"面板中选中"序列 02"文件并将其拖曳到"时间线"窗口中的"视频 5"轨道中,如图 5-96 所示。电视机广告制作完成,效果如图 5-97 所示。

140

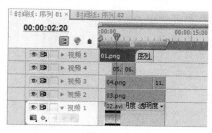

图 5-96

图 5-97

5.3.2　制作摄像机广告

【案例知识要点】

使用"字幕"命令绘制白色背景；使用"特效控制台"面板制作图片的位置和透明度动画；使用"效果"面板制作素材之间的转场效果。摄像机广告效果如图 5-98 所示。

图 5-98

【案例操作步骤】

1. 添加项目文件

(1) 启动 Premiere Pro CS4 软件，弹出"欢迎使用 Adobe Premiere Pro"欢迎界面，单击"新建项目"按钮 ，弹出"新建项目"对话框。设置"位置"选项，选择保存文件路径，在"名称"文本框中输入文件名"制作摄像机广告"，如图 5-99 所示。单击"确定"按钮，弹出"新建序列"对话框，在左侧的列表中展开"DV-PAL"选项，选中"标准 48kHz"模式，如图 5-100 所示，单击"确定"按钮。

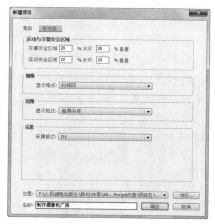

图 5-99

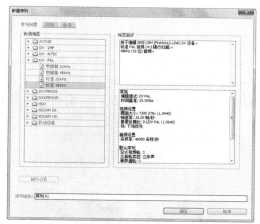

图 5-100

(2) 选择"文件 > 导入"命令，弹出"导入"对话框，选择素材中的"项目五\制作摄像机广告\素材\01~12"文件，单击"打开"按钮导入文件，如图 5-101 所示。导入后的文件排列在"项目"面板中，如图 5-102 所示。

图 5-101

图 5-102

(3) 选择"文件 > 新建 > 字幕"命令，弹出"新建字幕"对话框，在"名称"文本框中输入"白色"，如图 5-103 所示，单击"确定"按钮，弹出字幕编辑面板。选择"矩形"工具 ，在字幕窗口中绘制矩形，选择"字幕属性"面板，展开"填充"选项，将色彩选项设为白色，效果如图 5-104 所示。

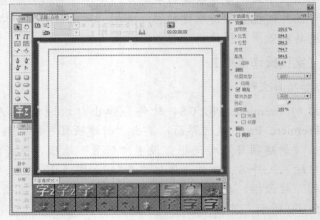

图 5-103

图 5-104

2. 制作文件的透明叠加

(1) 在"项目"面板中选中"01"文件并将其拖曳到"时间线"窗口中的"视频 1"轨道上，如图 5-105 所示。将时间指示器放置在 4:14s 的位置，将鼠标指针放在"01"文件的尾部，当鼠标指针呈 状时，向前拖曳鼠标到 4:14s 的位置，如图 5-106 所示。

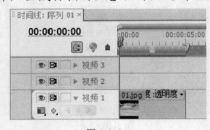

图 5-105

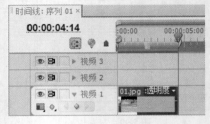

图 5-106

(2) 在"项目"面板中选中"白色"文件并将其拖曳到"时间线"窗口中的"视频 1"轨道上，如图 5-107 所示。将时间指示器放置在 6:09s 的位置，将鼠标指针放在"白色"文件的尾部，当鼠标指针呈 状时，向前拖曳鼠标到 6:09s 的位置，如图 5-108 所示。

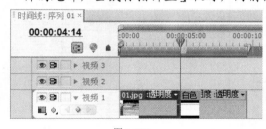

图 5-107

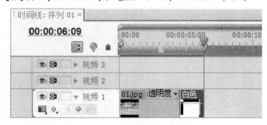

图 5-108

(3) 在"项目"面板中选中"03"文件并将其拖曳到"时间线"窗口中的"视频 2"轨道上，如图 5-109 所示。将时间指示器放置在 4:14s 的位置，将鼠标指针放在"03"文件的尾部，当鼠标指针呈 状时，向前拖曳鼠标到 4:14s 的位置，如图 5-110 所示。

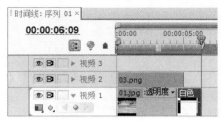

图 5-109

图 5-110

(4) 将时间指示器放置在 0s 的位置，在"特效控制台"面板中展开"运动"选项，将"位置"选项设为 60 和 818，"旋转"选项设为 17°，单击"位置"选项左侧的"切换动画"按钮 ，记录第 1 个动画关键帧，如图 5-111 所示。将时间指示器放置在 1:05s 的位置，将"位置"选项设为 250 和 496，记录第 2 个动画关键帧，如图 5-112 所示。

图 5-111

图 5-112

(5) 在"项目"面板中选中"12"文件并将其拖曳到"时间线"窗口中的"视频 2"轨道上，如图 5-113 所示。在"特效控制台"面板中展开"运动"选项，将"缩放比例"选项设为 60，如图 5-114 所示。在"节目"窗口中预览效果，如图 5-115 所示。

(6) 将时间指示器放置在 6:09s 的位置，将鼠标指针放在"12"文件的尾部，当鼠标指针呈 状时，向前拖曳鼠标到 6:09s 的位置，如图 5-116 所示。

图 5-113   图 5-114

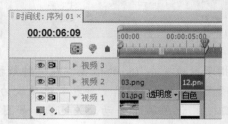

图 5-115   图 5-116

(7) 选择"窗口 > 工作区 > 效果"命令，弹出"效果"面板，展开"视频切换"特效分类选项，单击"擦除"文件夹前面的三角形按钮 ▶ 将其展开，选中"时钟式划变"特效，如图 5-117 所示。将"时钟式划变"特效拖曳到"时间线"窗口中的"12"文件的开始位置，如图 5-118 所示。

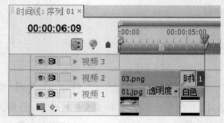

图 5-117   图 5-118

(8) 在"项目"面板中选中"04"文件并将其拖曳到"时间线"窗口中的"视频 3"轨道上，如图 5-119 所示。将时间指示器放置在 4:14s 的位置，将鼠标指针放在"04"文件的尾部，当鼠标指针呈 ✛ 状时，向前拖曳鼠标到 4:14s 的位置，如图 5-120 所示。

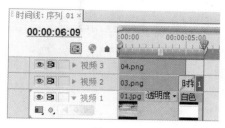

图 5-119

图 5-120

(9) 将时间指示器放置在 0s 的位置，在"特效控制台"面板中展开"运动"选项，将"位置"选项设为-50 和 605，单击选项左侧的"切换动画"按钮，记录第 1 个动画关键帧，如图 5-121 所示。将时间指示器放置在 1:06s 的位置，将"位置"选项设为 186 和 418，记录第 2 个动画关键帧，如图 5-122 所示。

图 5-121

图 5-122

(10) 选择"文件 > 新建 > 序列"命令，弹出"新建序列"对话框，选项的设置如图 5-123 所示。单击"确定"按钮，新建序列 02，时间线窗口如图 5-124 所示。

图 5-123

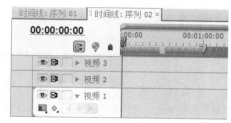

图 5-124

(11) 在"项目"面板中选中"07"文件并将其拖曳到"时间线"窗口中的"视频 1"轨道上，如图 5-125 所示。将时间指示器放置在 3s 的位置，将鼠标指针放在"07"文件的尾部，当鼠标指针呈 状时，向前拖曳鼠标到 3s 的位置，如图 5-126 所示。

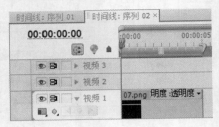

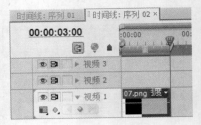

图 5-125　　　　　　　　　　　　　图 5-126

(12) 将时间指示器放置在 0:05s 的位置，在"项目"面板中选中"08"文件并将其拖曳到
"时间线"窗口中的"视频 2"轨道上，如图 5-127 所示。将时间指示器放置在 3s 的位
置，将鼠标指针放在"08"文件的尾部，当鼠标指针呈┿状时，向前拖曳鼠标到 3s 的
位置上，如图 5-128 所示。

(13) 选择"序列 > 添加轨道"命令，弹出"添加视音轨"对话框，选项的设置如图 5-129
所示。单击"确定"按钮，在"时间线"窗口中添加 2 条视频轨道。用相同的方法添
加并编辑其他素材文件，如图 5-130 所示。

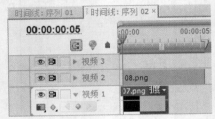

图 5-127　　　　　　　　　　　　　图 5-128

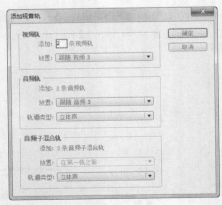

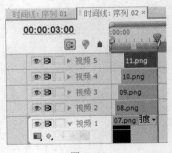

图 5-129　　　　　　　　　　　　　图 5-130

(14) 在"时间线"窗口中选取"序列 01"。选择"序列 > 添加轨道"命令，弹出"添加视
音轨"对话框，选项的设置如图 5-131 所示。单击"确定"按钮，在"时间线"窗口中
添加 4 条视频轨道。

(15) 将时间指示器放置在 2:19s 的位置，在"项目"面板中选中"序列 02"文件并将其拖曳
到"时间线"窗口中的"视频 4"轨道中，如图 5-132 所示。将时间指示器放置在
4:14s 的位置，将鼠标指针放在"序列 02"文件的尾部，当鼠标指针呈┿状时，向前拖
曳鼠标到 4:14s 的位置，如图 5-133 所示。

图 5-131

图 5-132

图 5-133

(16) 将时间指示器放置在 2:19s 的位置，在"项目"面板中选中"06"文件并将其拖曳到"时间线"窗口中的"视频 5"轨道中，如图 5-134 所示。在"特效控制台"面板中展开"运动"选项，将"位置"选项设为 410 和 162，"缩放比例"选项设为 80，如图 5-135 所示。在"节目"窗口中预览效果，如图 5-136 所示。

(17) 将时间指示器放置在 4:14s 的位置，将鼠标指针放在"06"文件的尾部，当鼠标指针呈 ╬ 状时，向前拖曳鼠标到 4:14s 的位置，如图 5-137 所示。

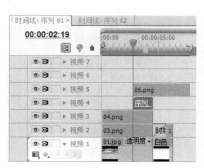

图 5-134

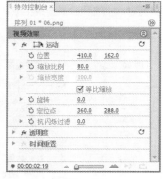

图 5-135

图 5-136

图 5-137

(18) 在"效果"面板中，展开"视频切换"特效分类选项，单击"擦除"文件夹前面的三角形按钮 ▶ 将其展开，选中"擦除"特效，如图 5-138 所示。将"擦除"特效拖曳到"时间线"窗口中的"06"文件的开始位置，如图 5-139 所示。选取"擦除"特效，在"特效控制台"面板中将"持续时间"选项设为 1s，如图 5-140 所示。

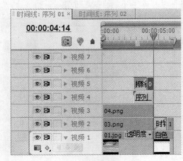

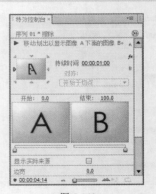

图 5-138   图 5-139   图 5-140

(19) 将时间指示器放置在 2:04s 的位置，在"项目"面板中选中"05"文件并将其拖曳到"时间线"窗口中的"视频 6"轨道上，如图 5-141 所示。在"特效控制台"面板中展开"运动"选项，将"位置"选项设为 435 和 140，"缩放比例"选项设为 90，如图 5-142 所示。在"节目"窗口中预览效果，如图 5-143 所示。

(20) 将时间指示器放置在 4:14s 的位置，将鼠标指针放在"05"文件的尾部，当鼠标指针呈 ╫ 状时，向前拖曳鼠标到 4:14s 的位置，如图 5-144 所示。用上述方法添加"擦除"特效并修改持续时间，如图 5-145 所示。

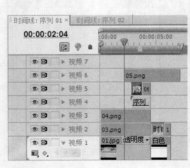

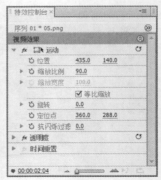

图 5-141   图 5-142

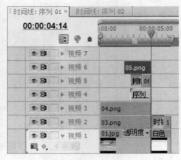

图 5-143   图 5-144   图 5-145

(21) 将时间指示器放置在 0:10s 的位置，在"项目"面板中选中"02"文件并将其拖曳到"时间线"窗口中的"视频 7"轨道上，如图 5-146 所示。将时间指示器放置在 4:14s 的位置，将鼠标指针放在"02"文件的尾部，当鼠标指针呈 ╫ 状时，向前拖曳鼠标到

4:14s 的位置，如图 5-147 所示。

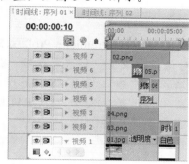

图 5-146

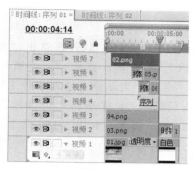

图 5-147

(22) 将时间指示器放置在 0:10s 的位置，在"特效控制台"面板中展开"透明度"选项，将 "透明度"选项设为 0，记录第 1 个关键帧，如图 5-148 所示。将时间指示器放置在 1:10s 的位置，将"透明度"选项设为 100，记录第 2 个关键帧，如图 5-149 所示。在"节目" 窗口中预览效果，如图 5-150 所示。摄像机广告制作完成，效果如图 5-151 所示。

图 5-148

图 5-149

图 5-150

图 5-151

5.3.3　制作汉堡广告

【案例知识要点】

　　使用"字幕"命令添加并编辑文字；使用"特效控制台"面板编辑图像的位置、比例和透明度制作动画效果；使用"新建序列"和"添加轨道"命令添加新的序列和轨道。汉堡广告效果如图 5-152 所示。

图 5-152

【案例操作步骤】

1. 添加项目文件

(1) 启动 Premiere Pro CS4 软件，弹出"欢迎使用 Adobe Premiere Pro"欢迎界面，单击"新建项目"按钮 ，弹出"新建项目"对话框。设置"位置"选项，选择保存文件路径，在"名称"文本框中输入文件名"制作汉堡广告"，如图 5-153 所示。单击"确定"按钮，弹出"新建序列"对话框，在左侧的列表中展开"DV-PAL"选项，选中"标准 48kHz"模式，如图 5-154 所示，单击"确定"按钮。

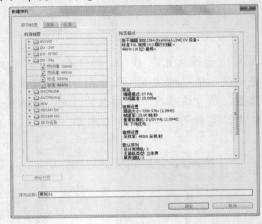

图 5-153 　　　　　　　　　　　　　　　　　图 5-154

(2) 选择"文件 > 导入"命令，弹出"导入"对话框，选择素材中的"项目五\制作汉堡广告\素材\01~08"文件，单击"打开"按钮导入文件，如图 5-155 所示。导入后的文件排列在"项目"面板中，如图 5-156 所示。

图 5-155 　　　　　　　　　　　　　　　　图 5-156

(3) 选择"文件 > 新建 > 字幕"命令，弹出"新建字幕"对话框，如图 5-157 所示，单击"确定"按钮，弹出字幕编辑面板。选择"文字"工具 ，在字幕窗口中输入需要的文字，字幕窗口中的效果如图 5-158 所示。

(4) 选择"字幕属性"面板，展开"属性"选项，设置如图 5-159 所示。展开"填充"选项，将色彩选项设为白色。勾选"阴影"选项，选项的设置如图 5-160 所示。在"字幕"窗口中的效果如图 5-161 所示。

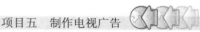

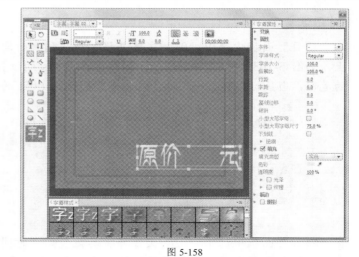

图 5-157

图 5-158

图 5-159

图 5-160

图 5-161

(5) 在"项目"面板中选中"字幕 01"文件，按<Ctrl>+<C>组合键复制文件，按
<Ctrl>+<V>组合键粘贴文件。将其重新命名为"字幕 02"并双击文件，打开"字幕"
窗口，选取并修改需要的文字，效果如图 5-162 所示。

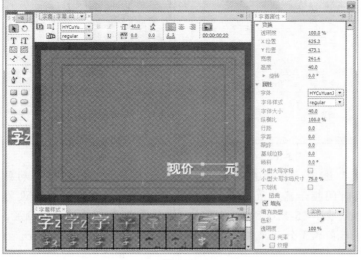

图 5-162

2. 制作图像动画

(1) 在"项目"面板中选中"01"文件并将其拖曳到"时间线"窗口中的"视频 1"轨道上，如图 5-163 所示。将时间指示器放置在 4:05s 的位置，将鼠标指针放在"01"文件的尾部，当鼠标指针呈╫状时，向前拖曳鼠标到 4:05s 的位置，如图 5-164 所示。

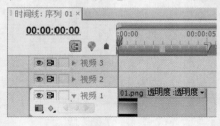

图 5-163　　　　　　　　　　　　图 5-164

(2) 在"项目"面板中选中"02"文件并将其拖曳到"时间线"窗口中的"视频 2"轨道上，如图 5-165 所示。将时间指示器放置在 2s 的位置，将鼠标指针放在"02"文件的尾部，当鼠标指针呈╫状时，向前拖曳鼠标到 2s 的位置，如图 5-166 所示。

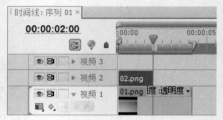

图 5-165　　　　　　　　　　　　图 5-166

(3) 将时间指示器放置在 0s 的位置，在"特效控制台"面板中展开"运动"选项，将"位置"选项设为 238 和 183，"缩放比例"选项设为 66，如图 5-167 所示。在"节目"窗口中预览效果，如图 5-168 所示。

图 5-167　　　　　　　　　　　　图 5-168

(4) 展开"透明度"选项，将"透明度"选项设为 0%，记录第 1 个动画关键帧，如图 5-169 所示。将时间指示器放置在 0:10s 的位置，将"透明度"选项设为 100%，记录第 2 个动画关键帧，如图 5-170 所示。将时间指示器放置在 0:20s 的位置，将"透明度"选项设为 0%，记录第 3 个动画关键帧，如图 5-171 所示。

图 5-169　　　　　　　图 5-170　　　　　　　图 5-171

(5) 在"项目"面板中选中"06"文件并将其拖曳到"时间线"窗口中的"视频 2"轨道上，如图 5-172 所示。将时间指示器放置在 4:05s 的位置，将鼠标指针放在"06"文件的尾部，当鼠标指针呈╫状时，向前拖曳鼠标到 4:05s 的位置，如图 5-173 所示。

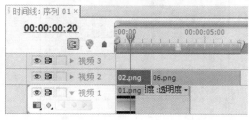

图 5-172　　　　　　　　　图 5-173

(6) 选择"窗口 > 工作区 > 效果"命令，弹出"效果"面板，展开"视频切换"特效分类选项，单击"擦除"文件夹前面的三角形按钮▶将其展开，选中"擦除"特效，如图 5-174 所示。将"擦除"特效拖曳到"时间线"窗口中"06"文件的开始位置，如图 5-175 所示。

图 5-174　　　　　　　　　图 5-175

(7) 将时间指示器放置在 0:10s 的位置，在"项目"面板中选中"03"文件并将其拖曳到"时间线"窗口中的"视频 3"轨道上，如图 5-176 所示。将时间指示器放置在 2:00s 的位置，将鼠标指针放在"03"文件的尾部，当鼠标指针呈╫状时，向前拖曳鼠标到 2:00s 的位置，如图 5-177 所示。

图 5-176

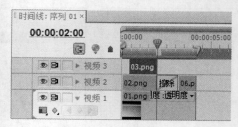

图 5-177

(8) 将时间指示器放置在 0:10s 的位置，在"特效控制台"面板中展开"运动"选项，将"位置"选项设为 484 和 220，"缩放比例"选项设为 98，如图 5-178 所示。在"节目"窗口中预览效果，如图 5-179 所示。

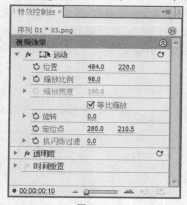

图 5-178

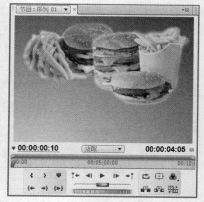

图 5-179

(9) 展开"透明度"选项，将"透明度"选项设为 0%，记录第 1 个动画关键帧，如图 5-180 所示。将时间指示器放置在 0:20s 的位置，将"透明度"选项设为 100%，记录第 2 个动画关键帧，如图 5-181 所示。将时间指示器放置在 1:05s 的位置，将"透明度"选项设为 0%，记录第 3 个动画关键帧，如图 5-182 所示。

图 5-180

图 5-181

图 5-182

(10) 在"项目"面板中选中"05"文件并将其拖曳到"时间线"窗口中的"视频 3"轨道上，如图 5-183 所示。将时间指示器放置在 4:05s 的位置，将鼠标指针放在"05"文件的尾部，当鼠标指针呈 ╂ 状时，向前拖曳鼠标到 4:05s 的位置，如图 5-184 所示。

图 5-183

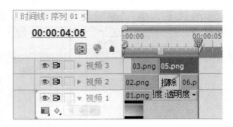

图 5-184

(11) 选择"序列 > 添加轨道"命令，弹出"添加视音轨"对话框，选项设置如图 5-185 所示，单击"确定"按钮，在"时间线"窗口中添加 2 条视频轨道。将时间指示器放置在 0:20s 的位置，在"项目"面板中选中"04"文件并将其拖曳到"时间线"窗口中的"视频 4"轨道上，如图 5-186 所示。

(12) 在"时间线"窗口中选取"04"文件，在"特效控制台"面板中展开"运动"选项，将"位置"选项设为 400 和 416，"缩放比例"选项设为 113，如图 5-187 所示。在"节目"窗口中预览效果，如图 5-188 所示。

(13) 将时间指示器放置在 2s 的位置，将鼠标指针放在"04"文件的尾部，当鼠标指针呈✛状时，向前拖曳鼠标到 2s 的位置，如图 5-189 所示。

图 5-185

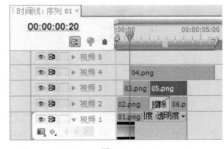

图 5-186

图 5-187

图 5-188

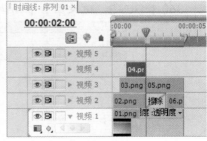

图 5-189

(14) 将时间指示器放置在 0:20s 的位置，展开"透明度"选项，将"透明度"选项设为 0%，记录第 1 个动画关键帧，如图 5-190 所示。将时间指示器放置在 1:05s 的位置，将"透明度"选项设为 100%，记录第 2 个动画关键帧，如图 5-191 所示。将时间指示器放置在

1:15s 的位置，将"透明度"选项设为 0%，记录第 3 个动画关键帧，如图 5-192 所示。

图 5-190

图 5-191

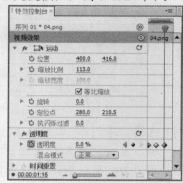

图 5-192

(15) 选择"文件 > 新建 > 序列"命令，弹出"新建序列"对话框，选项的设置如图 5-193 所示，单击"确定"按钮，新建序列 02。在"项目"面板中选中"07"文件并将其拖曳到"时间线"窗口中的"视频 1"轨道上，如图 5-194 所示。

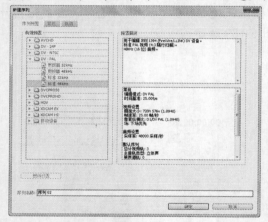

图 5-193

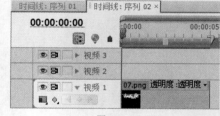

图 5-194

(16) 在"时间线"窗口中选取"07"文件，在"特效控制台"面板中展开"运动"选项，将"位置"选项设为 360 和 30，单击选项左侧的"切换动画"按钮 ，记录第 1 个动画关键帧，如图 5-195 所示。将时间指示器放置在 0:11s 的位置，将"位置"选项设为 360 和 309.2，记录第 2 个动画关键帧，如图 5-196 所示。

图 5-195

图 5-196

(17) 将时间指示器放置在 0:15s 的位置，将"位置"选项设为 360 和 260，记录第 3 个动画关键帧，如图 5-197 所示。将时间指示器放置在 0:20s 的位置，将"位置"选项设为 360 和 288，记录第 4 个动画关键帧，如图 5-198 所示。

图 5-197　　　　　　　　　　　　　　　图 5-198

(18) 将时间指示器放置在 0:10s 的位置，在"项目"面板中选中"08"文件并将其拖曳到"时间线"窗口中的"视频 2"轨道上，如图 5-199 所示。在"特效控制台"面板中展开"运动"选项，将"位置"选项设为 596 和 453.3，"缩放比例"选项设为 87，如图 5-200 所示。在"节目"窗口中预览效果，如图 5-201 所示。

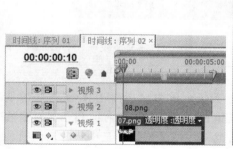

图 5-199　　　　　　　　图 5-200　　　　　　　　图 5-201

(19) 将时间指示器放置在 1s 的位置，将"旋转"选项设为 180°，单击选项左侧的"切换动画"按钮，记录第 1 个动画关键帧，如图 5-202 所示。将时间指示器放置在 1:20s 的位置，将"旋转"选项设为 0°，记录第 2 个动画关键帧，如图 5-203 所示。

图 5-202　　　　　　　　　　　　　　　图 5-203

157

(20) 将时间指示器放置在 0:10s 的位置，在"项目"面板中选中"字幕 01"文件并将其拖曳到"时间线"窗口中的"视频 3"轨道上，如图 5-204 所示。将时间指示器放置在 1s 的位置，将鼠标指针放在"字幕 01"文件的尾部，当鼠标指针呈状时，向前拖曳鼠标到 1s 的位置，如图 5-205 所示。

图 5-204   图 5-205

(21) 在"项目"面板中选中"字幕 02"文件并将其拖曳到"时间线"窗口中的"视频 3"轨道上，如图 5-206 所示。在"节目"窗口中预览效果，如图 5-207 所示。

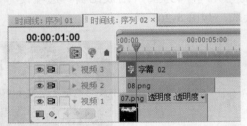

图 5-206   图 5-207

(22) 在"时间线"窗口中选取"序列 01"。在"项目"面板中选中"序列 02"文件并将其拖曳到"时间线"窗口中的"视频 4"轨道上，如图 5-208 所示。将时间指示器放置在 4:05s 的位置，将鼠标指针放在"序列 02"文件的尾部，当鼠标指针呈状时，向前拖曳鼠标到 4:05s 的位置，如图 5-209 所示。

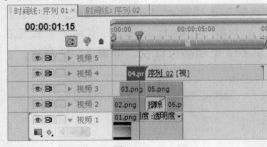
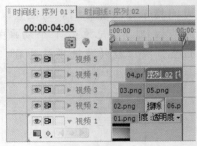

图 5-208   图 5-209

(23) 将时间指示器放置在 1:05s 的位置，在"项目"面板中选中"05"文件并将其拖曳到"时间线"窗口中的"视频 5"轨道上，如图 5-210 所示。将时间指示器放置在 2s 的位置，将鼠标指针放在"05"文件的尾部，当鼠标指针呈状时，向前拖曳鼠标到 2s 的位置，如图 5-211 所示。

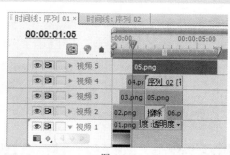

图 5-210　　　　　　　　　　　　图 5-211

(24) 将时间指示器放置在 1:05s 的位置，在"特效控制台"面板中展开"透明度"选项，将"透明度"选项设为 0%，记录第 1 个动画关键帧，如图 5-212 所示。将时间指示器放置在 1:15s 的位置，将"透明度"选项设为 100%，记录第 2 个动画关键帧，如图 5-213 所示。汉堡广告制作完成，效果如图 5-214 所示。

图 5-212

图 5-213

图 5-214

任务四　课后实战演练

5.4.1　单色保留

【练习知识要点】

使用"缩放比例"选项缩放图像；使用"分色"命令制作图片去色效果。单色保留效果如图 5-215 所示。

5.4.2　制作水墨画

【练习知识要点】

使用"黑白"命令将彩色图像转换为灰度图像；使用"查找边"命令制作图像的边；使用"色阶"命令调整图像的亮度和对比度；使用"高斯模糊"命令制作图像的模糊效果；使用"字幕"命令输入与编辑文字；使用"运动"选项调整文字的位置。水墨画效果如图 5-216 所示。

图 5-215

图 5-216

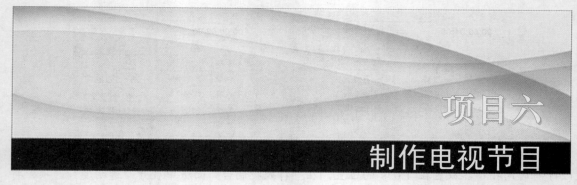

项目六

制作电视节目

本项目主要介绍字幕的制作方法，并对字幕的创建、保存、字幕窗口中的各项功能及使用方法进行详细介绍。通过对本项目的学习，读者应能掌握编辑字幕的操作技巧。

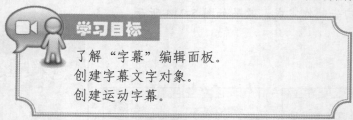

学习目标

了解"字幕"编辑面板。
创建字幕文字对象。
创建运动字幕。

任务一 了解"字幕"编辑面板

Premiere Pro CS4 提供了一个专门用来创建及编辑字幕的"字幕"编辑面板，如图 6-1 所示，所有文字编辑及处理都是在该面板中完成的。"字幕"编辑面板主要由字幕属性栏、字幕工具箱、字幕动作栏、"字幕属性"设置子面板、字幕工作区和"字幕样式"子面板 6 个部分组成。

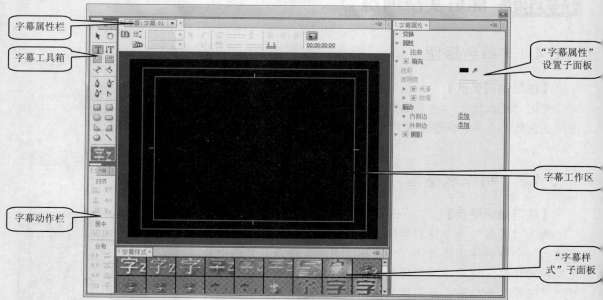

图 6-1

任务二　创建字幕文字对象

利用字幕工具箱中的各种文字工具，用户可以非常方便地创建出水平排列或垂直排列的文字，也可以创建出沿路径行走的文字，以及水平或者垂直段落文字。

6.2.1　创建水平或垂直排列文字

打开"字幕"编辑面板后，可以根据需要，利用字幕工具箱中的"文字"工具 T 和"垂直文字"工具 IT 创建水平排列或者垂直排列的字幕文字，其具体操作步骤如下。

（1）在字幕工具箱中选择"文字"工具 T 或"垂直文字"工具 IT。

（2）在字幕编辑面板的字幕工作区中单击并输入文字即可，如图 6-2 和图 6-3 所示。

图 6-2

图 6-3

6.2.2　创建路径文字

利用字幕工具箱中的平行或者垂直路径工具可以创建路径文字，具体操作步骤如下。

（1）在字幕工具箱中选择"路径输入"工具 或"垂直路径输入"工具 。

（2）移动鼠标指针到"字幕"编辑面板的字幕工作区中，此时，鼠标指针变为钢笔状，然后在需要输入的位置单击。

（3）将鼠标移动另一个位置再次单击，此时会出现一条曲线，即文本路径。

（4）选择文字输入工具（任何一种都可以），在路径上单击并输入文字即可，如图 6-4 和图 6-5 所示。

图 6-4

图 6-5

6.2.3　创建段落字幕文字

利用字幕工具箱中的文本框工具或垂直文本框工具可以创建段落文本，其具体操作步骤如下。

（1）在字幕工具箱中选择"文本框"工具▦或"垂直文本框"工具▦。

（2）移动鼠标指针到"字幕"编辑面板的字幕工作区中，单击鼠标并按住左键不放，从左上角向右下角拖曳出一个矩形框，然后输入文字，效果如图 6-6 和图 6-7 所示。

图 6-6

图 6-7

6.2.4　实训项目：金属文字

【案例知识要点】

使用"字幕"命令编辑文字；使用"渐变"命令制作文字的倾斜效果；使用"斜面 Alpha"和"RGB 曲线"命令添加文字金属效果；使用"Shine"制作文字发光效果。金属文字效果如图 6-8 所示。

图 6-8

【案例操作步骤】

(1) 启动 Premiere Pro CS4 软件，弹出"欢迎使用 Adobe Premiere Pro"欢迎界面，单击"新建项目"按钮▦，弹出"新建项目"对话框。设置"位置"选项，选择保存文件路径，在"名称"文本框中输入文件名"金属文字"，如图 6-9 所示。单击"确定"按钮，弹出"新建序列"对话框，在左侧的列表中展开"DV-PAL"选项，选中"标准 48kHz"模式，如图 6-10 所示，单击"确定"按钮。

图 6-9

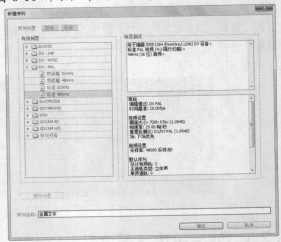

图 6-10

(2) 选择"文件 > 新建 > 字幕"命令，弹出"新建字幕"对话框，在"名称"文本框中输入"周末影院"，如图 6-11 所示。单击"确定"按钮，弹出字幕编辑面板，选择"文字"工具 ，在字幕工作区中输入"周末影院"，其他设置如图 6-12 所示。关闭字幕编辑面板，新建的字幕文件自动保存到"项目"窗口中。

图 6-11

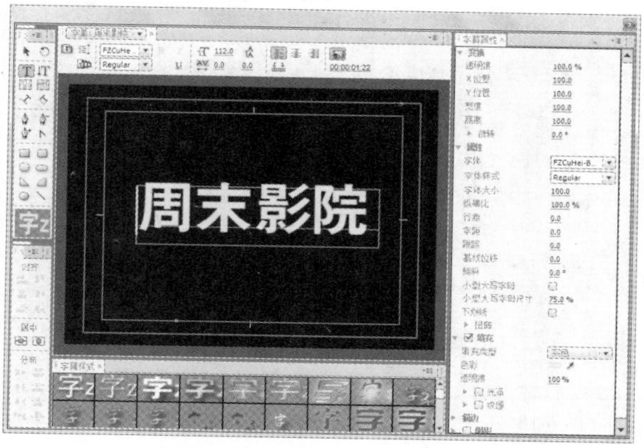

图 6-12

(3) 在"项目"面板中选中"周末影院"文件并将其拖曳到"视频 1"轨道上，如图 6-13 所示。选择"窗口 > 效果"命令，弹出"效果"面板，展开"视频特效"分类选项，单击"生成"文件夹前面的三角形按钮 将其展开，选中"渐变"特效，如图 6-14 所示。将"渐变"特效拖曳到"时间线"窗口中的"周末影院"层上，如图 6-15 所示。

图 6-13

图 6-14

图 6-15

(4) 选择"特效控制台"面板，展开"渐变"特效并进行参数设置，如图 6-16 所示。在"节目"窗口中预览效果，如图 6-17 所示。

图 6-16

图 6-17

(5) 将时间指示器放置在 3:01s 的位置，在"渐变"特效选项中单击"渐变起点"和"渐变终点"选项前面的记录动画按钮 ，如图 6-18 所示。将时间指示器放置在 4:24s 的位

163

置，将"渐变起点"选项设置为 450 和 134，"渐变终点"选项设置为 260 和 346，如图 6-19 所示。在"节目"窗口中预览效果，如图 6-20 所示。

图 6-18　　　　　　　　　　图 6-19　　　　　　　　　　图 6-20

(6) 选择"效果"面板，展开"视频特效"分类选项，单击"透视"文件夹前面的三角形按钮▶将其展开，选中"斜面 Alpha"特效，如图 6-21 所示。将"斜面 Alpha"特效拖曳到"时间线"窗口中的"周末影院"层上，如图 6-22 所示。

图 6-21　　　　　　　　　　　　　　　　图 6-22

(7) 选择"特效控制台"面板，展开"斜面 Alpha"特效并进行参数设置，如图 6-23 所示。在"节目"窗口中预览效果，如图 6-24 所示。

图 6-23　　　　　　　　　　　　　　图 6-24

(8) 选择"效果"面板，展开"视频特效"分类选项，单击"色彩校正"文件夹前面的三角形按钮▶将其展开，选中"RGB 曲线"特效，如图 6-25 所示。将"RGB 曲线"特效拖曳到"时间线"窗口中的"周末影院"层上，如图 6-26 所示。

图 6-25　　　　　　　　　　　　　　图 6-26

(9) 选择"特效控制台"面板，展开"RGB 曲线"特效并进行参数设置，如图 6-27 所示。在"节目"窗口中预览效果，如图 6-28 所示。

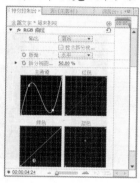

图 6-27　　　　　　　　　　　　　图 6-28

(10) 选择"效果"面板，展开"视频特效"分类选项，单击"Trapcode"文件夹前面的三角形按钮▶将其展开，选中"Shine"特效，如图 6-29 所示。将"Shine"特效拖曳到"时间线"窗口中的"周末影院"层上，如图 6-30 所示。

图 6-29　　　　　　　　　　　　　图 6-30

(11) 将时间指示器放置在 0s 的位置，选择"特效控制台"面板，展开"Shine"特效并进行参数设置，如图 6-31 所示。在"节目"窗口中预览效果，如图 6-32 所示。在"Shine"选项中单击"发光点"选项前面的"切换动画"按钮，如图 6-33 所示，记录第 1 个动画关键帧。将时间指示器放置在 3:01s 的位置，单击"发光点"选项中的"添加/移除关键帧"按钮，如图 6-34 所示。将"发光点"选项设置为 500 和 288，如图 6-35 所示，记录第 2 个关键帧。在"节目"窗口中预览效果，如图 6-36 所示。

图 6-31

图 6-32

图 6-33

图 6-34

图 6-35

图 6-36

任务三 创建运动字幕

在观看电影时，经常会看到影片的开头和结尾都有滚动文字，显示导演与演员的姓名等，或是影片中出现人物对白的文字。这些文字可以通过使用视频编辑软件添加到视频画面中。Premiere Pro CS4 中提供了垂直滚动和水平滚动字幕效果。

6.3.1 制作垂直滚动字幕

制作垂直滚动字幕的具体操作步骤如下。

（1）启动 Premiere Pro CS4，在"项目"面板中导入素材并将素材添加到"时间线"面板中的视频轨道上。

（2）选择"字幕 > 新建字幕 > 默认静态字幕"命令，在弹出的"新建字幕"对话框中设置字幕的名称。单击"确定"按钮，打开字幕编辑面板，如图 6-37 所示。

（3）选择"文字"工具 T，在字幕工作区中单击并按住鼠标拖曳出一个文字输入的范围框，然后输入文字内容并对文字属性进行相应的设置，效果如图 6-38 所示。

（4）单击"滚动/游动选项"按钮，在弹出的对话框中选中"滚动"单选项，在"时间（帧）"栏中勾选"开始于屏幕外"和"结束于屏幕外"复选框，其他参数的设置如图 6-39 所示。

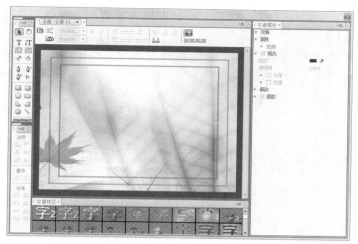

图 6-37

图 6-38

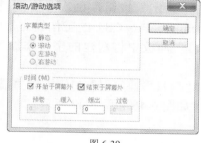

图 6-39

（5）单击"确定"按钮，再单击面板右上角的"关闭"按钮，关闭字幕编辑面板，返回到 Premiere Pro CS4 的工作界面，此时制作的字符将会自动保存在"项目"面板中。从"项目"面板中将新建的字幕添加到"时间线"面板的"视频 2"轨道上，并将其调整为与轨道 1 中的素材等长，如图 6-40 所示。

（6）单击"节目"监视器窗口下方的"播放-停止切换"按钮 ▶/■，即可预览字幕的垂直滚动效果，如图 6-41 和图 6-42 所示。

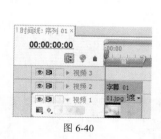

图 6-40

图 6-41

图 6-42

6.3.2 制作横向滚动字幕

制作横向滚动字幕与制作垂直字幕的操作基本相同，其具体操作步骤如下。

（1）启动 Premiere Pro CS4，在"项目"面板中导入素材并将素材添加到"时间线"面板中的视频轨道上，然后创建一个字幕文件。

（2）选择"文字"工具 T，在字幕工作区中输入需要的文字并对文字属性进行相应的设置，效果如图6-43所示。

（3）单击"滚动/游动选项"按钮，在弹出的对话框中选中"右游动"单选项，在"时间（帧）"栏中勾选"开始于屏幕外"和"结束于屏幕外"复选框，其他参数的设置如图6-44所示。

图6-43   图6-44

（4）单击"确定"按钮，再次单击面板右上角的"关闭"按钮，关闭字幕编辑面板，返回到 Premiere Pro CS4 的工作界面，此时制作的字符将会自动保存在"项目"面板中。从"项目"面板中将新建的字幕添加到"时间线"面板的"视频2"轨道上，如图6-45所示。

（5）单击"节目"监视器窗口下方的"播放-停止切换"按钮▶/■，即可预览字幕的横向滚动效果，如图6-46和图6-47所示。

图6-45   图6-46   图6-47

任务四 综合实训项目

6.4.1 制作天气预报节目

【案例知识要点】

使用"导入"命令导入素材图片；使用"字幕"面板制作添加预报文字；使用"游动/滚动选项"按钮制作文字的滚动效果。天气预报节目效果如图6-48所示。

图6-48

【案例操作步骤】

1. 导入图片

(1) 启动 Premiere Pro CS4 软件，弹出"欢迎使用 Adobe Premiere Pro"欢迎界面，单击
"新建项目"按钮 █，弹出"新建项目"对话框。设置"位置"选项，选择保存文件
路径，在"名称"文本框中输入文件名"制作天气预报节目"，如图 6-49 所示。单击
"确定"按钮，弹出"新建序列"对话框，在左侧的列表中展开"DV-PAL"选项，选
中"标准 48kHz"模式，如图 6-50 所示，单击"确定"按钮。

图 6-49

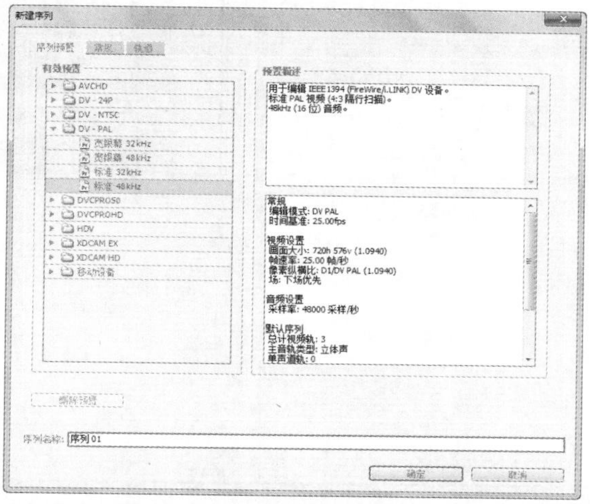

图 6-50

(2) 选择"文件 > 导入"命令，弹出"导入"对话框，选择素材中的"项目六\制作天气预
报节目\素材\01~11"文件，单击"打开"按钮导入文件，如图 6-51 所示。导入后的文
件排列在"项目"面板中，如图 6-52 所示。

图 6-51

图 6-52

(3) 选择"文件 > 新建 > 字幕"命令，弹出"新建字幕"对话框，如图 6-53 所示。单击
"确定"按钮，弹出字幕编辑面板，选择"文字"工具 █，在字幕窗口中输入需要的
文字，并分别设置适当的文字大小，如图 6-54 所示。在字幕窗口中选取第一行文字，
在"字幕样式"面板中单击选取需要的样式，如图 6-55 所示。在"字幕"窗口中的文
字效果如图 6-56 所示。

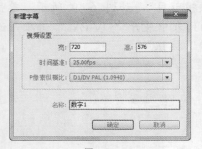

图 6-53

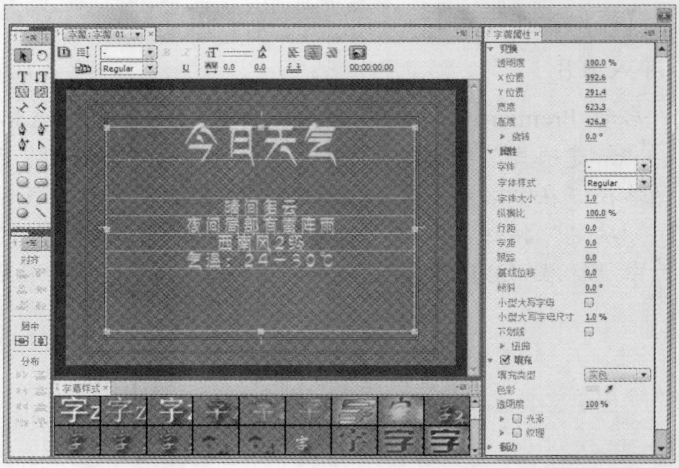

图 6-54

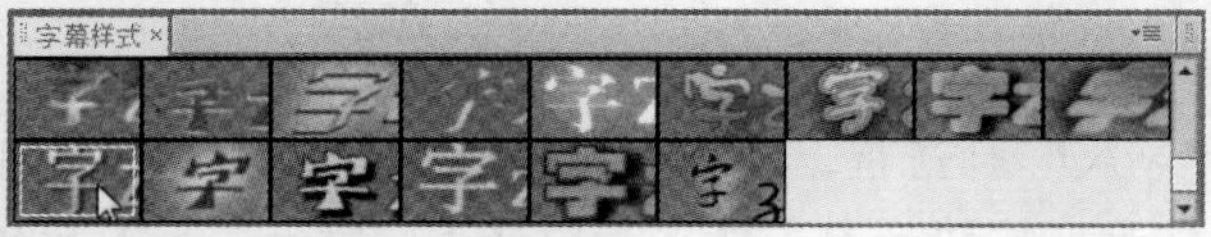

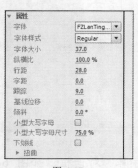

图 6-55

图 6-56

(4) 在"字幕"窗口中选取其他文字，选择"字幕属性"面板，展开"属性"选项并进行
参数设置，如图 6-57 所示。展开"填充"选项，设置填充色彩为白色，字幕窗口中的
效果如图 6-58 所示。

图 6-57

图 6-58

(5) 单击"游动/滚动选项"按钮，在弹出的对话框中进行设置，如图 6-59 所示，单击
"确定"按钮。用相同的方法制作字幕02 的效果，如图 6-60 所示。

图 6-59

图 6-60

2. 制作文件的叠加动画

(1) 在"项目"面板中选中"01"文件并将其拖曳到"时间线"窗口中的"视频 1"轨道上，如图 6-61 所示。在"时间线"窗口中选取"01"文件，在"特效控制台"面板中展开"运动"选项，将"位置"选项设为 368.1 和 298.6，"缩放比例"选项设为 124.6，如图 6-62 所示。在"节目"窗口中预览效果，如图 6-63 所示。

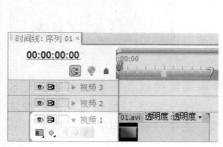

图 6-61

图 6-62

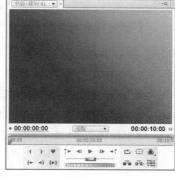

图 6-63

(2) 选择"素材 > 速度/持续时间"命令，在弹出的对话框中进行设置，如图 6-64 所示。单击"确定"按钮，时间线窗口中的效果如图 6-65 所示。

图 6-64

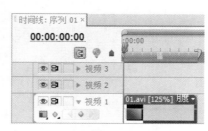

图 6-65

(3) 在"项目"面板中选中"字幕 01"文件并将其拖曳到"时间线"窗口中的"视频 2"轨道上，如图 6-66 所示。将时间指示器放置在 3s 的位置，在"项目"面板中选中"字幕 02"文件并将其拖曳到"时间线"窗口中的"视频 3"轨道上，如图 6-67 所示。天气预报节目制作完成，在"节目"窗口中预览效果，如图 6-68 所示。

图 6-66

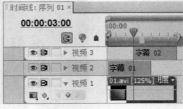

图 6-67

图 6-68

6.4.2 制作世博会节目

【案例知识要点】

使用"字幕"命令添加宣传文字；使用"特效控制台"面板制作图片的位置和透明度动画；使用"效果"面板制作素材之间的转场效果。世博会节目效果如图 6-69 所示。

图 6-69

【案例操作步骤】

1. 添加字幕

(1) 启动 Premiere Pro CS4 软件，弹出"欢迎使用 Adobe Premiere Pro"欢迎界面，单击"新建项目"按钮 ，弹出"新建项目"对话框。设置"位置"选项，选择保存文件路径，在"名称"文本框中输入文件名"制作世博会节目"，如图 6-70 所示。单击"确定"按钮，弹出"新建序列"对话框，在左侧的列表中展开"DV-PAL"选项，选中"标准 48kHz"模式，如图 6-71 所示，单击"确定"按钮。

图 6-70

图 6-71

(2) 选择"文件 > 新建 > 字幕"命令，弹出"新建字幕"对话框，在"名称"文本框中输入"看"，如图 6-72 所示。单击"确定"按钮，弹出字幕编辑面板，选择"文字"工具 T ，在字幕工作区中输入文字，其他设置如图 6-73 所示。关闭字幕编辑面板，新建

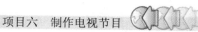

的字幕文件自动保存到"项目"窗口中。

图 6-72

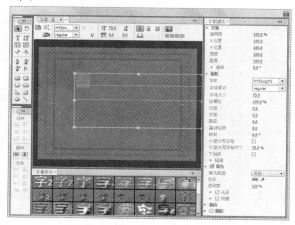

图 6-73

(3) 选择"文件 > 新建 > 字幕"命令，弹出"新建字幕"对话框，在"名称"文本框中
输入"世 1"。单击"确定"按钮，弹出字幕编辑面板，选择"文字"工具 T，在字幕
工作区中输入文字，其他设置如图 6-74 所示。关闭字幕编辑面板，新建的字幕文件自
动保存到"项目"窗口中。用同样的方法制作其他字幕文件，字幕文件自动保存到
"项目"窗口中，如图 6-75 所示。

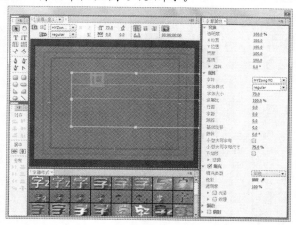

图 6-74

图 6-75

(4) 将时间指示器放置在 0s 的位置，在"项目"面板中选中"看"文件并将其拖曳到"视
频 1"轨道中，选择"特效控制台"面板，展开"运动"选项，将"位置"选项设置为
461.5 和 434.6，"缩放比例"选项设置为 200，"透明度"选项设置为 10%，单击"位
置"、"缩放比例"选项和"透明度"选项前面的切换动画按钮，如图 6-76 所示，记
录第 1 个动画关键帧。将时间指示器放置在 2s 的位置，"位置"选项设置为 360 和
288，"缩放比例"选项设置为 100，"透明度"选项设置为 100%，如图 6-77 所示，记
录第 2 个动画关键帧。

图 6-76 图 6-77

(5) 将时间指示器放置在 1:12s 的位置，在"项目"面板中选中"世 1"文件并将其拖曳到
"视频 2"轨道中。选择"特效控制台"面板，展开"运动"选项，将"位置"选项设
置为 484.5 和 432.5，"缩放比例"选项设置为 200，"透明度"选项设置为 10%，单击
"位置"、"缩放比例"选项和"透明度"选项前面的切换动画按钮📷，如图 6-78 所
示，记录第 1 个动画关键帧。将时间指示器放置在 3:12s 的位置，"位置"选项设置为
360 和 288，"缩放比例"选项设置为 100，"透明度"选项设置为 100%，如图 6-79 所
示，记录第 2 个动画关键帧。

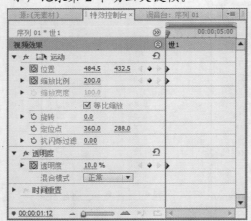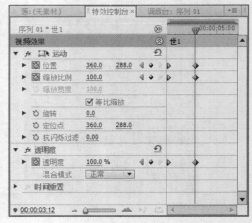

图 6-78 图 6-79

(6) 将时间指示器放置在 3s 的位置，在"项目"面板中选中"博"文件并将其拖曳到"视
频 3"轨道中，选择"特效控制台"面板，展开"运动"选项，将"位置"选项设置为
425.1 和 438.8，"缩放比例"选项设置为 200，"透明度"选项设置为 10%，单击"位
置"、"缩放比例"选项和"透明度"选项前面的切换动画按钮📷，如图 6-80 所示，记
录第 1 个动画关键帧。将时间指示器放置在 5s 的位置，"位置"选项设置为 360 和
288，"缩放比例"选项设置为 100，"透明度"选项设置为 100%，如图 6-81 所示，记
录第 2 个动画关键帧。

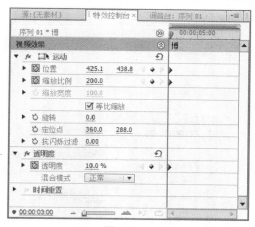
图 6-80

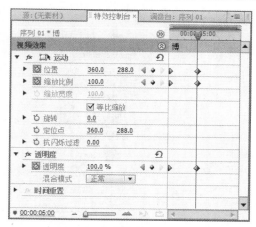
图 6-81

(7) 选择"序列 > 添加轨道"命令，弹出"添加轨道"对话框，选项的设置如图 6-82 所示。单击"确定"按钮，在时间线窗口中添加 3 条视频轨道，如图 6-83 所示。

图 6-82

图 6-83

(8) 使用同样的方法制作其他文字的效果，如图 6-84 所示。将时间指示器放置在 12:01s 的位置，用鼠标将字幕文件的播放时间拖到 12:01s 的位置上，如图 6-85 所示。

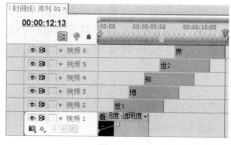
图 6-84

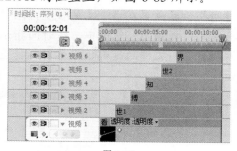
图 6-85

2. 制作影片片头

(1) 选择"文件 > 新建 > 序列"命令，新建一个时间线层，在弹出的"新建序列"对话框中进行设置，如图 6-86 所示。选择"文件 > 导入"命令，弹出"导入"对话框，选择素材中的"项目六\制作世博会节目\素材\ 01"文件，单击"打开"按钮导入视频文件。在"项目"面板中选中"01"文件并将其拖曳到"时间线"窗口中的"视频 1"轨道中，如图 6-87 所示。

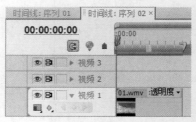

图 6-86　　　　　　　　　　　　　　　　　　　　　　图 6-87

(2) 在"项目"面板中选中"序列 01"文件并将其拖曳到"视频 2"轨道中，在"音频 2"
　　轨道中会自动生成"序列 01"层，如图 6-88 所示。用鼠标右键单击"视频 2"轨道中
　　的"序列 01"文件，在弹出的菜单中选择"速度/持续时间"命令，弹出"素材速度/持
　　续时间"对话框，将"速度"选项设为 210%，如图 6-89 所示。"序列 01"文件播放速
　　度加快，在"时间线"窗口中如图 6-90 所示。

　　　　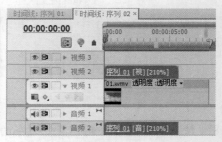

图 6-88　　　　　　　　　　　图 6-89　　　　　　　　　　　图 6-90

(3) 将时间指示器放置在 5:18s 的位置，在"项目"面板中选中"看世博知世界"文件并将
　　其拖曳到"视频 2"轨道中，将时间指示器放置在 8:01s 的位置，将鼠标指针放在"看
　　世博知世界"文件的尾部，当鼠标指针呈 状时，拖曳鼠标到 8:01s 的位置，如图 6-91
　　所示。

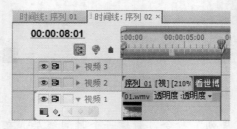

图 6-91

(4) 选择"文件 > 新建 > 字幕"命令，弹出"新建字幕"对话框，在"名称"文本框中
　　输入"世博之旅 1"，如图 6-92 所示。单击"确定"按钮，弹出字幕编辑面板，选择
　　"文字"工具 ，在字幕工作区中输入文字，其他设置如图 6-93 所示。关闭字幕编辑
　　面板，新建的字幕文件自动保存到"项目"窗口中。

图 6-92

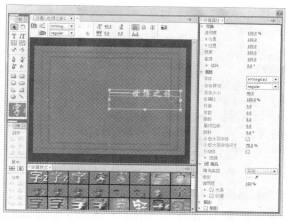

图 6-93

(5) 在"项目"面板中复制"世博之旅 1"字幕文件并将其命名为"世博之旅 2"。双击 "世博之旅 1"字幕文件，弹出字幕编辑面板，单击"滚动/游动选项"按钮，在弹 出的对话框中选中"滚动"单选项，在"时间（帧）"选项中勾选"开始于屏幕外"复 选框，其他参数的设置如图 6-94 所示。

(6) 将时间指示器放置在 4:12s 的位置，在"项目"面板中选中"世博之旅 1"文件并将其 拖曳到"视频 3"轨道中，如图 6-95 所示。将时间指示器放置在 7:02s 的位置，选中 "世博之旅 1"文件，将鼠标指针放在"世博之旅 1"文件的尾部，当鼠标指针呈 ╫ 状 时，拖曳鼠标到 7:02s 的位置，如图 6-96 所示。

图 6-94

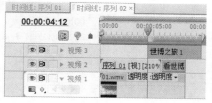

图 6-95

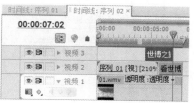

图 6-96

(7) 将时间指示器放置在 5:14s 的位置，选择"特效控制台"面板，展开"透明度"选项， 将"透明度"选项设置为 0%，单击"透明度"选项前面的切换动画按钮，如图 6-97 所示，记录第 1 个动画关键帧。将时间指示器放置在 7:02s 的位置，将"透明度"选项 设置为 100%，如图 6-98 所示，记录第 2 个动画关键帧。

图 6-97

图 6-98

(8) 在"项目"面板中选中"世博之旅 2"文件并将其拖曳到"视频 3"轨道中，如图 6-99 所示。将时间指示器放置在 8:01s 的位置，选中"世博之旅 2"文件，将鼠标指针放在

"世博之旅 2"文件的尾部，当鼠标指针呈╬状时，拖曳鼠标到 8:01s 的位置上，如图 6-100 所示。

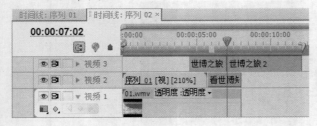

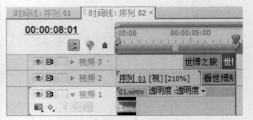

图 6-99　　　　　　　　　　　　　　　　　　图 6-100

3. 添加素材并制作转场与特效

(1) 选择"文件 > 新建 > 序列"命令，新建一个时间线层，在弹出的"新建序列"对话框中进行设置，如图 6-101 所示。选择"文件 > 导入"命令，弹出"导入"对话框，选择素材中的"项目六\制作世博会节目\素材\ 中国馆、中国馆文字、巴西馆"文件，单击"打开"按钮，导入文件。在"项目"面板中选中"中国馆"文件并将其拖曳到"时间线"窗口中的"视频 1"轨道中，如图 6-102 所示。

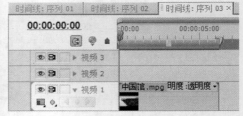

图 6-101　　　　　　　　　　　　　　　　　　图 6-102

(2) 将时间指示器放置在 1:12s 的位置，在"项目"面板中选中"中国馆文字"文件并将其拖曳到"时间线"窗口中的"视频 2"轨道中。将鼠标指针放在文件的尾部，当鼠标指针呈╬状时，拖曳鼠标到 6:06s 的位置，如图 6-103 所示。

图 6-103

(3) 将时间指示器放置在 1:12s 的位置，选择"特效控制台"面板，展开"运动"选项，将"位置"选项设置为 356.2 和 605，"缩放比例"选项设置为 27，单击"位置"选项前面的切换动画按钮⦿，如图 6-104 所示，记录第 1 个动画关键帧。将时间指示器放置在 3:24s 的位置，"位置"选项设置为 356.2 和 525，如图 6-105 所示，记录第 2 个动画关键帧。

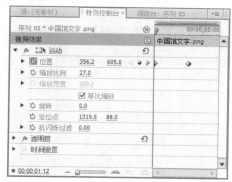

图 6-104

图 6-105

(4) 选择"文件 > 新建 > 字幕"命令，弹出"新建字幕"对话框，在"名称"文本框中输入"巴西馆文字"，如图 6-106 所示。单击"确定"按钮，弹出字幕编辑面板，选择"文字"工具🅣，在字幕工作区中输入文字并选择合适的样式，其他设置如图 6-107 所示。关闭字幕编辑面板，新建的字幕文件自动保存到"项目"窗口中。

图 6-106

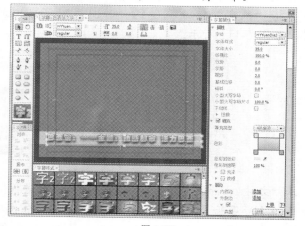

图 6-107

(5) 在"项目"面板中选中"巴西馆"文件并将其拖曳到"时间线"窗口中的"视频 1"轨道中。将时间指示器放置在 7:18s 的位置，在"项目"面板中选中"巴西馆文字"文件并将其拖曳到"时间线"窗口中的"视频 2"轨道中。将鼠标指针放在文件的尾部，当鼠标指针呈┿状时，拖曳鼠标至 12:17s 的位置，如图 6-108 所示。

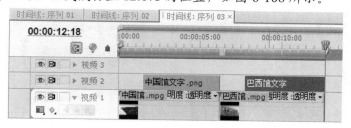

图 6-108

179

(6) 将时间指示器放置在 7:18s 的位置，选择"特效控制台"面板，展开"透明度"选项，将"透明度"选项设置为 0%，单击"透明度"选项前面的切换动画按钮，如图 6-109 所示，记录第 1 个动画关键帧。将时间指示器放置在 10:18s 的位置，将"透明度"选项设置为 100%，如图 6-110 所示，记录第 2 个动画关键帧。

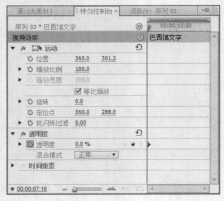

图 6-109   图 6-110

(7) 选择"窗口 > 工作区 >效果"命令，弹出"效果"面板，展开"视频切换"特效分类选项，单击"擦除"文件夹前面的三角形按钮 ▶ 将其展开，选中"风车"特效。将"风车"特效拖曳到"时间线"窗口中的"中国馆"与"巴西馆"文件之间，如图 6-111 所示。

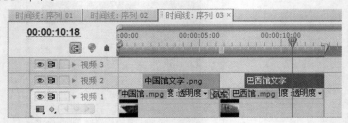

图 6-111

(8) 选择"文件 > 导入"命令，弹出"导入"对话框，选择素材中的"项目六\制作世博会节目\素材\ 墨西哥馆-1、墨西哥馆-2、墨西哥馆文字"文件，单击"打开"按钮，导入文件。在"项目"面板中选中"墨西哥馆-1"文件并将其拖曳到"时间线"窗口中的"视频 1"轨道中。将时间指示器放置在 13:18s 的位置，在"项目"面板中分别选中"墨西哥馆-2、墨西哥馆文字"文件并将其拖曳到"时间线"窗口中的"视频 2"和"视频 3"轨道中。将鼠标指针放在文件的尾部，当鼠标指针呈 状时，拖曳鼠标至 18:14s 的位置，如图 6-112 所示。

图 6-112

(9) 选择"窗口 > 工作区 >效果"命令，弹出"效果"面板，展开"视频效果"特效分类选项，单击"色彩校正"文件夹前面的三角形按钮 ▶ 将其展开，选中"色彩平衡"特效。将"色彩平衡"特效拖曳到"时间线"窗口中的"视频 1"轨道上的"墨西哥馆-1"文件上。选择"特效控制台"面板，展开"色彩平衡"特效并对参数进行设置，如图 6-113 所示。使用同样的方法调整"墨西哥馆-2"文件的颜色，设置如图 6-114 所示。

图 6-113

图 6-114

(10) 选择"窗口 > 工作区 >效果"命令，弹出"效果"面板，展开"视频效果"特效分类选项，单击"键控"文件夹前面的三角形按钮 ▶ 将其展开，选中"颜色键"特效。将"颜色键"特效拖曳到"时间线"窗口中的"墨西哥馆-2"文件上。选择"特效控制台"面板，展开"颜色键"特效，参数设置如图 6-115 所示，效果如图 6-116 所示。

图 6-115

图 6-116

(11) 将时间指示器放置在 13:18s 的位置，选择"特效控制台"面板，展开"运动"选项，将"位置"选项设置为 196.7 和 680.9，"缩放比例"选项设置为 80。展开"透明度"选项，将"透明度"选项设为 0%，单击"位置"选项左侧的切换动画按钮，记录第 1 个动画关键帧。

(12) 将时间指示器放置在 15:05s 的位置，将"位置"选项设置为 201.5 和 283.1，"透明度"选项设为 100%，记录第 2 个动画关键帧，如图 6-117 所示。将时间指示器放置在 16:15s 的位置，单击"位置"和"透明度"选项右侧的"添加/移除关键帧"按钮，记录第 3 个动画关键帧，如图 6-118 所示。将时间指示器放置在 17:19s 的位置，将"位置"选项设置为-164.2 和 124.4，"透明度"选项设为 0%，记录第 4 个动画关键帧，如图 6-119 所示。

图 6-117

图 6-118

图 6-119

(13) 选择"窗口 > 工作区 >效果"命令，弹出"效果"面板，展开"视频切换"特效分类选项，单击"滑动"文件夹前面的三角形按钮 ▶ 将其展开，选中"推"特效，将"推"特效拖曳到"时间线"窗口中的"墨西哥馆-1"之前，如图 6-120 所示。

(14) 选择"文件 > 确定 > 字幕"命令，弹出"新建字幕"对话框，在"名称"文本框中输入"印度馆文字"，单击"确定"按钮，弹出字幕编辑面板，选择"输入"工具 T，在字幕工作区中输入文字并选择合适的样式，其他设置如图 6-121 所示。关闭字幕编辑面板，新建的字幕文件自动保存到"项目"窗口中。

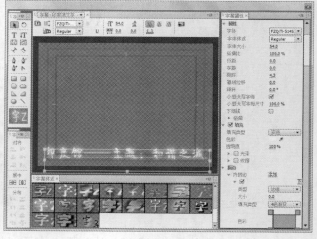

图 6-120

图 6-121

(15) 选择"文件 > 导入"命令，弹出"导入"对话框，选择素材中的"项目六\制作世博会节目\素材\ 印度馆-1、印度馆-2"文件，单击"打开"按钮导入文件。在"项目"面板中选中所需的文件并将其拖曳到"时间线"窗口中的视频轨道中，如图 6-122 所示。在"墨西哥馆-1"文件与"印度馆-1"文件之间添加"带状滑动"特效，在"印度馆-1"文件与"印度馆-2"文件之间添加"交叉叠化"特效，如图 6-123 所示。

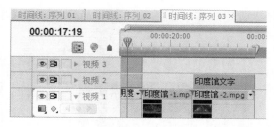

图 6-122

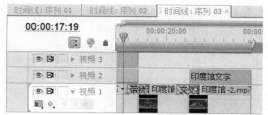

图 6-123

(16) 选择"文件 > 导入"命令，弹出"导入"对话框，选择素材中的"项目六\制作世博会节目\素材\ 斯里兰卡馆、斯里兰卡馆动画、斯里兰卡馆文字"文件，单击"打开"按钮导入文件。在"项目"面板中选中文件并将其拖曳到"时间线"窗口中的视频轨道中，如图 6-124 所示。

(17) 选择"文件 > 新建 > 字幕"命令，弹出"新建字幕"对话框，在"名称"文本框中输入"加拿大馆文字"，单击"确定"按钮，弹出"字幕"编辑面板，选择"文字"工具 $\boxed{T}$，在字幕工作区中输入文字并选择合适的样式，其他设置如图 6-125 所示。关闭"字幕"编辑面板，新建的字幕文件自动保存到"项目"窗口中。

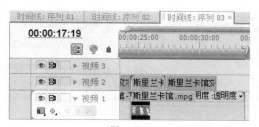

图 6-124

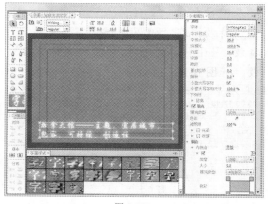

图 6-125

(18) 使用同样的方法导入"加拿大馆-1"、"加拿大馆-2"、"加拿大馆-3"和"加拿大馆文字"文件并将其拖曳到"时间线"窗口中的视频轨道中，如图 6-126 所示。在"加拿大馆-1"文件与"斯里兰卡馆"文件之间添加"帘式"特效，在"加拿大馆-1"文件与"加拿大馆-2"文件之间添加"摆入"特效，在"加拿大馆-2"文件与"加拿大馆-3"文件之间添加"摆出"特效，如图 6-127 所示。

图 6-126

图 6-127

(19) 选择"文件 > 新建 > 字幕"命令，弹出"新建字幕"对话框，在"名称"文本框中输入"俄罗斯馆文字"，单击"确定"按钮，弹出字幕编辑面板，选择"文字"工具 $\boxed{T}$，在字幕工作区中输入文字并选择合适的样式，其他设置如图 6-128 所示。关闭字幕编辑面板，新建的字幕文件自动保存到"项目"窗口中。使用同样的方法制作泰国馆文字，如图 6-129 所示。

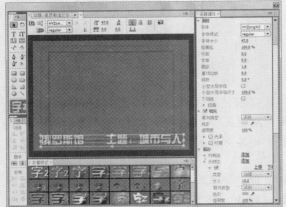

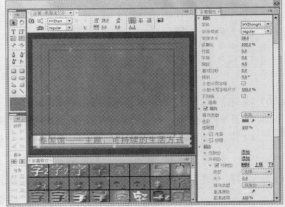

图 6-128   图 6-129

(20) 使用同样的方法导入"俄罗斯馆"、"俄罗斯馆文字"、"俄罗斯馆动画"、"泰国馆"、"泰国馆文字"文件，在"加拿大馆-3"文件与"俄罗斯馆"文件之间添加"软百叶窗"特效，在"俄罗斯馆文字"文件与"俄罗斯馆动画"文件之间添加"交叉叠化"特效，如图 6-130 所示。在"俄罗斯馆"文件与"泰国馆"文件之间添加"随机块"特效，如图 6-131 所示。

图 6-130   图 6-131

(21) 在"视频 2"轨道中选中"泰国馆文字"文件，将时间指示器放置在 01:01:12s 的位置，选择"特效控制台"面板，展开"透明度"选项，将"透明度"选项设置为 0%，单击"透明度"选项前面的切换动画按钮 ，如图 6-132 所示，记录第 1 个动画关键帧。将时间指示器放置在 01:06:20s 的位置，将"透明度"选项设置为 100%，如图 6-133 所示，记录第 2 个动画关键帧。在"节目"窗口中预览效果，如图 6-134 所示。

图 6-132   图 6-133   图 6-134

4. 制作影片片尾

(1) 选择"文件 > 新建 > 序列"命令，新建一个时间线层，在弹出的"新建序列"对话框中进行设置，如图 6-135 所示。选择"文件 > 导入"命令，弹出"导入"对话框，选择素材中的"项目六\制作世博会节目\素材\世博全景"文件，单击"打开"按钮导入视频文件。在"项目"面板中选中"世博全景"文件并将其拖曳到"视频 1"轨道中，如图 6-136 所示。

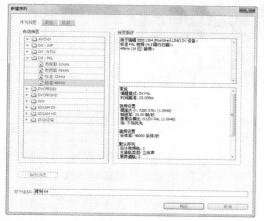

图 6-135

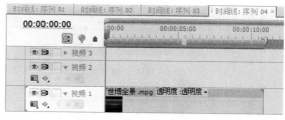

图 6-136

(2) 用鼠标右键单击"视频 1"轨道中的"世博全景"文件，在弹出的菜单中选择"速度/持续时间"命令，弹出"素材速度/持续时间"对话框，将"速度"选项设为 156%，如图 6-137 所示。"世博全景"文件的播放速度加快，在"时间线"窗口中的显示如图 6-138 所示。

图 6-137

图 6-138

(3) 选择"文件 > 新建 > 字幕"命令，弹出"新建字幕"对话框，在"名称"文本框中输入"结尾字幕"，如图 6-139 所示。单击"确定"按钮，弹出字幕编辑面板，选择"文字"工具 T，在字幕工作区中输入文字，其他设置如图 6-140 所示。关闭字幕编辑面板，新建的字幕文件自动保存到"项目"窗口中。

(4) 在"项目"面板中选中"结尾字幕"文件并将其拖曳到"视频 2"轨道上，如图 6-141 所示。将时间指示器放置在 7s 的位置，在"视频 2"轨道上选中"结尾字幕"文件，将鼠标指针放在"结尾字幕"文件的尾部，当鼠标指针呈 ➔ 状时，向后拖曳鼠标到 7s 的位置，如图 6-142 所示。

图 6-139

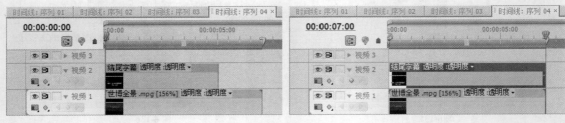

图 6-140

图 6-141

图 6-142

(5) 将时间指示器放置在 0s 的位置，选择"窗口 > 工作区 >效果"命令，弹出"效果"面板，展开"视频效果"特效分类选项，单击"编辑器"文件夹前面的三角形按钮 ▶ 将其展开，选中"渐变"特效，如图 6-143 所示。将"渐变"特效拖曳到"时间线"窗口中的"结尾字幕"层上。

(6) 选择"特效控制台"面板，展开"渐变"特效并进行参数设置，如图 6-144 所示。在"节目"窗口中预览效果，如图 6-145 所示。

图 6-143

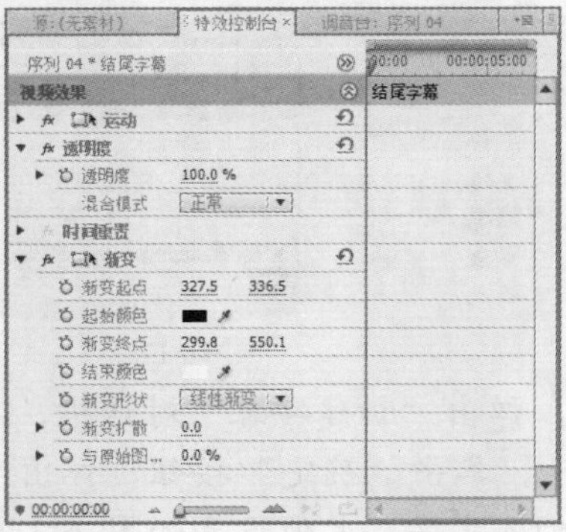

图 6-144

图 6-145

(7) 在"渐变"特效选项中单击"渐变起点"和"渐变终点"选项前面的切换动画按钮 ，如图 6-146 所示。将时间指示器放置在 6s 的位置，将"渐变起点"选项设置为 645 和 375.4，"渐变终点"选项设置为 151.9 和 507，如图 6-147 所示。"节目"窗口中效果如图 6-148 所示。

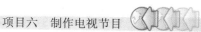

图 6-146

图 6-147

图 6-148

(8) 将时间指示器放置在 0s 的位置,选择"窗口 > 工作区 > 效果"命令,弹出"效果"面板,展开"视频效果"特效分类选项,单击"透视"文件夹前面的三角形按钮 ▶ 将其展开,选中"斜面 Alpha"特效,如图 6-149 所示。将"斜面 Alpha"特效拖曳到"时间线"窗口中的"结尾字幕"层上。选择"特效控制台"面板,展开"斜面 Alpha"特效并进行参数设置,如图 6-150 所示。在"节目"窗口中预览效果,如图 6-151 所示。

图 6-149

图 6-150

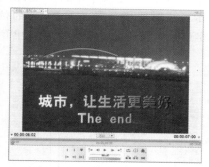

图 6-151

(9) 在"效果"面板,展开"视频效果"特效分类选项,单击"色彩校正"文件夹前面的三角形按钮 ▶ 将其展开,选中"RGB 曲线"特效,如图 6-152 所示。将"RGB 曲线"特效拖曳到"时间线"窗口中的"片尾字幕"层上。选择"特效控制台"面板,展开"RGB 曲线"特效并进行参数设置,如图 6-153 所示。在"节目"窗口中预览效果,如图 6-154 所示。

图 6-152

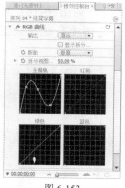

图 6-153

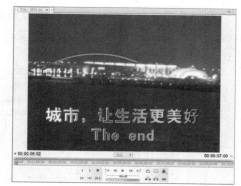

图 6-154

(10) 选择"窗口 > 工作区 >效果"命令，弹出"效果"面板，展开"视频效果"特效分类
选项，单击"Trapcode"文件夹前面的三角形按钮▶将其展开，选中"Shine"特效，
如图 6-155 所示。将"Shine"特效拖曳到"时间线"窗口中的"结尾字幕"层上。

(11) 将时间指示器放置在 0s 的位置，选择"特效控制台"面板，展开"Shine"特效并进行
参数设置，如图 6-156 所示。在"节目"窗口中预览效果，如图 6-157 所示。

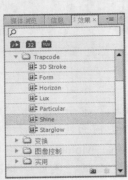
图 6-155

图 6-156

图 6-157

(12) 在"Shine"选项中单击"发光点"选项前面的"切换动画"按钮，如图 6-158 所
示。将时间指示器放置在 6s 的位置，将"发光点"选项设置为 627.3 和 433.6，如图
6-159 所示。在"节目"窗口中预览效果，如图 6-160 所示。

图 6-158

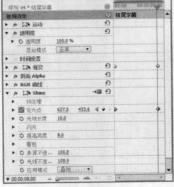
图 6-159

图 6-160

(13) 将时间指示器放置在 6:12s 的位置，选择"特效控制台"面板，展开"透明度"选项，
单击"透明度"选项左侧的切换动画按钮，如图 6-161 所示，记录第 1 个动画关键
帧。将时间指示器放置在 7s 的位置，将"透明度"选项设置为 0%，如图 6-162 所示，
记录第 2 个动画关键帧。

图 6-161

图 6-162

(14) 使用同样的方法为"视频 2"轨道中的"结尾字幕"文件添加透明度效果,"时间线"面板如图 6-163 所示。

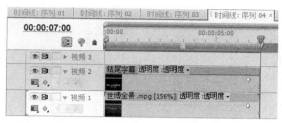

图 6-163

(15) 选择"文件 > 新建 > 序列"命令,新建一个时间线层,在弹出的"新建序列"对话框中进行设置,如图 6-164 所示。在"项目"面板中选中"序列 02、03、04"文件并将其拖曳到"视频 1"轨道中,在"音频 1"轨道中会自动生成"序列 02、03、04"层,如图 6-165 所示。

图 6-164

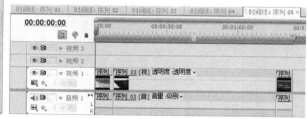

图 6-165

(16) 选择"窗口 > 工作区 >效果"命令,弹出"效果"面板,展开"视频切换"特效分类选项,单击"叠化"文件夹前面的三角形按钮 ▶ 将其展开,选中"白场过渡"特效,将其特效拖曳到"时间线"窗口中的"序列 03"文件开始位置,如图 6-166 所示。在"节目"窗口中预览效果,如图 6-167 所示。

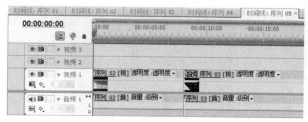

图 6-166

图 6-167

6.4.3　制作烹饪节目

【案例知识要点】

使用"字幕"命令添加标题及介绍文字；使用"特效控制台"面板编辑图像的位置、比例和透明度制作动画效果；使用"添加轨道"命令添加新轨道。烹饪节目效果如图 6-168 所示。

图 6-168

【案例操作步骤】

1. 添加项目文件

(1) 启动 Premiere Pro CS4 软件，弹出"欢迎使用 Adobe Premiere Pro"欢迎界面，单击"新建项目"按钮 ，弹出"新建项目"对话框。设置"位置"选项，选择保存文件路径，在"名称"文本框中输入文件名"制作烹饪节目"，如图 6-169 所示。单击"确定"按钮，弹出"新建序列"对话框，在左侧的列表中展开"DV-PAL"选项，选中"标准 48kHz"模式，如图 6-170 所示，单击"确定"按钮。

图 6-169

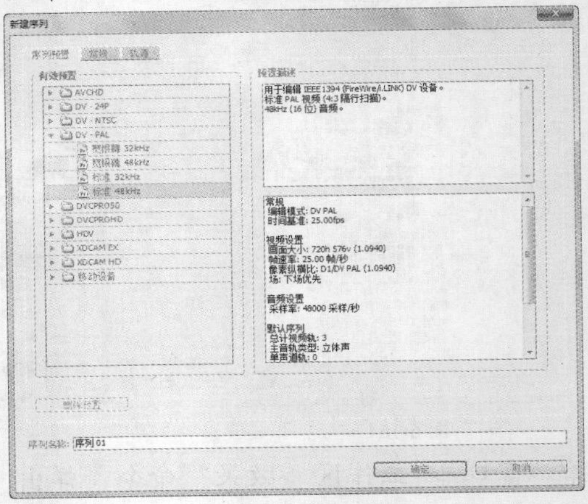

图 6-170

(2) 选择"文件 > 导入"命令，弹出"导入"对话框，选择素材中的"项目六\制作烹饪节目\素材\01~06"文件，单击"打开"按钮导入文件，如图 6-171 所示。导入后的文件排列在"项目"面板中，如图 6-172 所示。

图 6-171

图 6-172

(3) 选择"文件 > 新建 > 字幕"命令，弹出"新建字幕"对话框，如图 6-173 所示，单击"确定"按钮，弹出字幕编辑面板。选择"垂直文字"工具 **IT**，在字幕窗口中输入需要的文字，分别选取文字，在"字幕属性"面板中进行设置，字幕窗口中的效果如图 6-174 所示。用相同的方法输入其他文字。

图 6-173

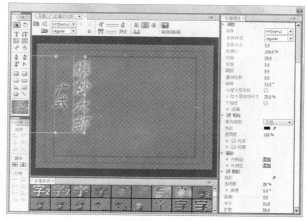

图 6-174

2. 制作图像动画

(1) 在"项目"面板中选中"01"文件并将其拖曳到"时间线"窗口中的"视频 1"轨道上，如图 6-175 所示。将时间指示器放置在 6:15s 的位置，将鼠标指针放在"01"文件的尾部，当鼠标指针呈 ┿ 状时，向后拖曳鼠标到 6:15s 的位置，如图 6-176 所示。

图 6-175

图 6-176

(2) 在"项目"面板中选中"04、05、01"文件并分别将其拖曳到"时间线"窗口中的"视频 1"轨道上，如图 6-177 所示。将时间指示器放置在 19:10s 的位置，将鼠标指针放在"01"文件的尾部，当鼠标指针呈 ┿ 状时，向前拖曳鼠标到 19:10s 的位置，如图 6-178 所示。

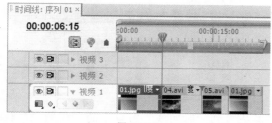

图 6-177

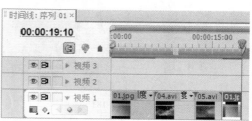

图 6-178

(3) 选择"窗口 > 工作区 > 效果"命令，弹出"效果"面板，展开"视频切换"特效分类选项，单击"滑动"文件夹前面的三角形按钮 ▶ 将其展开，选中"推"特效，如图 6-179 所示。将"推"特效拖曳到"时间线"窗口中"04"文件的结束位置和"05"文件的开始位置，如图 6-180 所示。

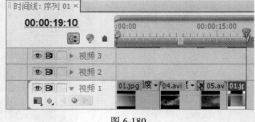

图 6-179　　　　　　　　　　　　　　　　图 6-180

(4) 将时间指示器放置在 3:15s 的位置，在"项目"面板中选中"1.准备食材"文件并将其拖曳到"时间线"窗口中的"视频 2"轨道上，如图 6-181 所示。将时间指示器放置在 6:15s 的位置，将鼠标指针放在"1.准备食材"文件的尾部，当鼠标指针呈 ╂ 状时，向后拖曳鼠标到 6:15s 的位置，如图 6-182 所示。

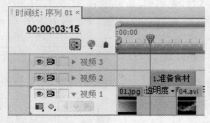 

图 6-181　　　　　　　　　　　　　　　　图 6-182

(5) 在"项目"面板中选中"2.爆炒 5 分钟"文件并将其拖曳到"时间线"窗口中的"视频 2"轨道上，如图 6-183 所示。将时间指示器放置在 12:15s 的位置，将鼠标指针放在"2.爆炒 5 分钟"文件的尾部，当鼠标指针呈 ╂ 状时，向后拖曳鼠标到 12:15s 的位置，如图 6-184 所示。

图 6-183　　　　　　　　　　　　　　　　图 6-184

(6) 在"项目"面板中选中"3.装盘"文件并将其拖曳到"时间线"窗口中的"视频 2"轨道上，如图 6-185 所示。将时间指示器放置在 16:15s 的位置，将鼠标指针放在"3.装盘"文件的尾部，当鼠标指针呈 ╂ 状时，向后拖曳鼠标到 16:15s 的位置，如图 6-186 所示。

图 6-185　　　　　　　　　　　　　　　　图 6-186

(7) 在"项目"面板中选中"制作完成"文件并将其拖曳到"时间线"窗口中的"视频
2"轨道上，如图 6-187 所示。将时间指示器放置在 19:10s 的位置，将鼠标指针放在
"制作完成"文件的尾部，当鼠标指针呈十状时，向后拖曳鼠标到 19:10s 的位置，如
图 6-188 所示。

图 6-187　　　　　　　　　　　　　　　　图 6-188

(8) 在"效果"面板中展开"视频切换"特效分类选项，单击"擦除"文件夹前面的三角
形按钮▶将其展开，选中"擦除"特效，如图 6-189 所示。将"擦除"特效分别拖曳到
"时间线"窗口中的"1.准备食材"文件的开始位置、"2.爆炒 5 分钟"文件的开始位
置、"3.装盘"文件的开始位置、"3.装盘"文件的结束位置和"制作完成"文件的开始
位置，如图 6-190 所示。

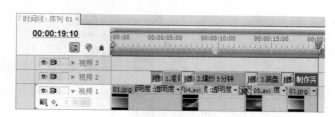

图 6-189　　　　　　　　　　　　　　　　图 6-190

(9) 将时间指示器放置在 2:01s 的位置，在"项目"面板中选中"广式爆炒大虾"文件并将
其拖曳到"时间线"窗口中的"视频 3"轨道上，如图 6-191 所示。将时间指示器放置
在 3:15s 的位置，将鼠标指针放在"广式爆炒大虾"文件的尾部，当鼠标指针呈十状
时，向前拖曳鼠标到 3:15s 的位置，如图 6-192 所示。

(10) 将时间指示器放置在 4:14s 的位置，在"项目"面板中选中"食材说明"文件并将其拖
曳到"时间线"窗口中的"视频 3"轨道上，如图 6-193 所示。将时间指示器放置在
6:15s 的位置，将鼠标指针放在"食材说明"文件的尾部，当鼠标指针呈十状时，向前
拖曳鼠标到 6:15s 的位置，如图 6-194 所示。

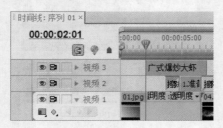

图 6-191

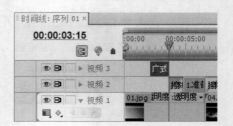

图 6-192

图 6-193

图 6-194

(11) 将时间指示器放置在 17:01s 的位置，在"项目"面板中选中"02"文件并将其拖曳到"时间线"窗口中的"视频 3"轨道上，如图 6-195 所示。选取"02"文件。在"特效控制台"面板中展开"运动"选项，将"位置"选项设为 421.0 和 256.0，如图 6-196 所示。在"节目"窗口中预览效果，如图 6-197 所示。将时间指示器放置在 19:10s 的位置，将鼠标指针放在"02"文件的尾部，当鼠标指针呈 ↔ 状时，向前拖曳鼠标到 19:10s 的位置，如图 6-198 所示。

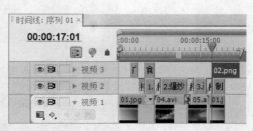

图 6-195

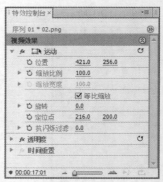

图 6-196

图 6-197

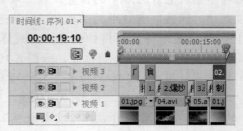

图 6-198

(12) 在"效果"面板中展开"视频切换"特效分类选项，单击"擦除"文件夹前面的三角形按钮 ▶ 将其展开，选中"插入"特效，如图 6-199 所示。将"插入"特效拖曳到"时间线"窗口中的"广式爆炒大虾"文件的开始位置，如图 6-200 所示。

图 6-199	图 6-200

(13) 在"效果"面板中展开"视频切换"特效分类选项，单击"缩放"文件夹前面的三角形按钮 ▶ 将其展开，选中"缩放"特效，如图 6-201 所示。将"缩放"特效拖曳到"时间线"窗口中的"广式爆炒大虾"文件的开始位置，如图 6-202 所示。

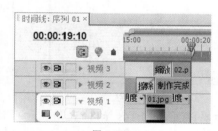

图 6-201	图 6-202

(14) 选择"序列 > 添加轨道"命令，弹出"添加视音轨"对话框，选项的设置如图 6-203 所示。单击"确定"按钮，在"时间线"窗口中添加 2 条视频轨道，如图 6-204 所示。

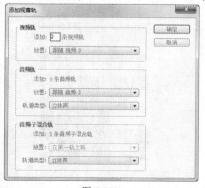
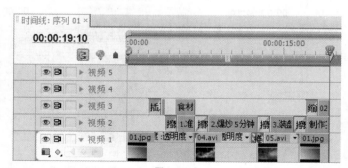

图 6-203	图 6-204

(15) 在"项目"面板中选中"02"文件并将其拖曳到"时间线"窗口中的"视频 4"轨道上，如图 6-205 所示。将时间指示器放置在 3:15s 的位置，将鼠标指针放在"02"文件

的尾部，当鼠标指针呈 ⊢ 状时，向前拖曳鼠标到 3:15s 的位置上，如图 6-206 所示。

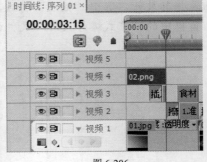

图 6-205　　　　　　　　　　　　　　　　图 6-206

(16) 在"特效控制台"面板中展开"运动"选项，将"位置"选项设为-165.2 和 286.8，"缩放比例"选项设为 90，单击"位置"选项左侧的"切换动画"按钮，记录第 1 个动画关键帧，如图 6-207 所示。将时间指示器放置在 2:00s 的位置，将"位置"选项设为 410.0 和 250.8，记录第 2 个动画关键帧，如图 6-208 所示。

图 6-207　　　　　　　　　　　　　　　　图 6-208

(17) 将时间指示器放置在 4:14s 的位置，在"项目"面板中选中"03"文件并将其拖曳到"时间线"窗口中的"视频 4"轨道上，如图 6-209 所示。将时间指示器放置在 6:15s 的位置，将鼠标指针放在"03"文件的尾部，当鼠标指针呈 ⊢ 状时，向前拖曳鼠标到 6:15s 的位置，如图 6-210 所示。

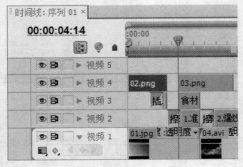

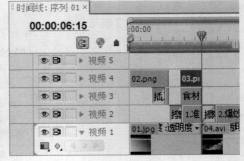

图 6-209　　　　　　　　　　　　　　　　图 6-210

(18) 在"特效控制台"面板中展开"运动"选项，将"位置"选项设为 481.0 和 245.0，"缩放比例"选项设为 50，展开"透明度"选项，将"透明度"选项设为 0%，记录第 1 个动画关键帧，如图 6-211 所示。将时间指示器放置在 5:15s 的位置，将"透明度"选项设为 100%，记录第 2 个动画关键帧，如图 6-212 所示。

图 6-211　　　　　　　　　　　　　　图 6-212

(19) 将时间指示器放置在 18:05s 的位置，在"项目"面板中选中"美味可口"文件并将其拖曳到"时间线"窗口中的"视频 4"轨道上，如图 6-213 所示。将时间指示器放置在 19:10s 的位置，将鼠标指针放在"美味可口"文件的尾部，当鼠标指针呈 ✛ 状时，向前拖曳鼠标到 19:10s 的位置，如图 6-214 所示。

图 6-213　　　　　　　　　　　　　　图 6-214

(20) 在"项目"面板中选中"06"文件并将其拖曳到"时间线"窗口中的"视频 4"轨道上，如图 6-215 所示。将时间指示器放置在 19:10s 的位置，将鼠标指针放在"06"文件的尾部，当鼠标指针呈 ✛ 状时，向前拖曳鼠标到 19:10s 的位置，如图 6-216 所示。烹饪节目制作完成，在"节目"窗口中预览效果，如图 6-217 所示。

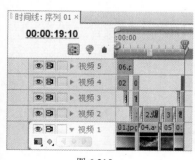
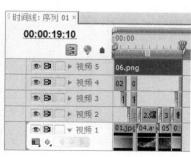

图 6-215　　　　　　　　图 6-216　　　　　　　　图 6-217

任务五 课后实战演练

6.5.1 流光文字

【练习知识要点】

使用"轨道遮罩键"命令制作文字蒙版；使用"Starglow"命令制作文字发光效果；使用"缩放比例"选项制作文字大小动画；使用"透明度"选项制作文字不透明动画效果。流光文字效果如图 6-218 所示。

图 6-218

6.5.2 节目预告

【练习知识要点】

使用"字幕"命令输入文字并编辑属性；使用"滚动/游动选项"命令制作滚动文字效果。节目预告效果如图 6-219 所示。

图 6-219

项目七

制作音乐MV

本项目对音频及音频特效的应用与编辑进行介绍，重点讲解调音台及添加音频特效等操作。通过对本项目内容的学习，读者应该可以完全掌握 Premiere Pro CS4 的声音特效制作。

学习目标

认识调音台窗口。

为音频添加声音特效。

任务一 认识调音台窗口

"调音台"窗口可以实时混合"时间线"窗口中各轨道的音频对象。用户可以在"调音台"窗口中选择相应的音频控制器进行调节，该控制器调节它在"时间线"窗口对应的音频对象，如图 7-1 所示。"调音台"由若干个轨道音频控制器、主音频控制器和播放控制器组成，每个控制器使用控制按钮和调节滑杆调节音频。

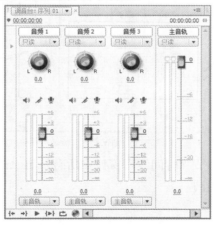

图 7-1

1. 轨道音频控制器

"调音台"中的轨道音频控制器用于调节其相对轨道上的音频对象，控制器 1 对应"音频 1"、控制器 2 对应"音频 2"，依此类推。轨道音频控制器的数目由"时间线"窗口中的音频轨道数目决定，当在"时间线"窗口中添加音频时，"调音台"窗口中将自动添加一个轨道音频控制器与其对应。

轨道音频控制器由控制按钮、调节滑轮及调节滑杆组成。

（1）控制按钮。轨道音频控制器中的控制按钮可以设置音频调节时的调节状态，如图7-2所示。

图 7-2

"静音轨道"：单击"静音"按钮 ，该轨道音频设置为静音状态。

"独奏轨"：单击"独奏"按钮 ，其他未选中独奏按钮的轨道音频会自动设置为静音状态。

"激活录制轨"：激活"录音"按钮 ，可以利用输入设备将声音录制到目标轨道上。

（2）声音调节滑轮。如果对象为双声道音频，可以使用声道调节滑轮调节播放声道。向左拖曳滑轮，输出到左声道（L），可以增加音量；向右拖曳滑轮，输出到右声道（R）并音量增大，声道调节滑轮如图7-3所示。

图 7-3

（3）音量调节滑杆。通过音量调节滑杆可以控制当前轨道音频对象的音量，Premiere Pro CS4 以分贝数显示音量。向上拖曳滑杆，可以增加音量；向下拖曳滑杆，可以减小音量。下方数值栏中显示当前音量，用户也可直接在数值栏中输入声音分贝数。播放音频时，面板左侧为音量表，显示音频播放时的音量大小；音量表顶部的小方块显示系统所能处理的音量极限，当方块显示为红色时，表示该音频量超过极限，音量过大。音量调节滑杆如图7-4所示。

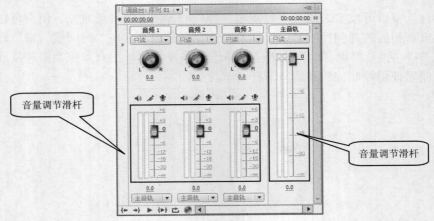

图 7-4

使用主音频控制器可以调节"时间线"窗口中所有轨道上的音频对象。主音频控制器的使用方法与轨道音频控制器相同。

2. 播放控制器

播放控制器用于音频播放，使用方法与监视器窗口中的播放控制栏相同，如图7-5所示。

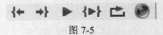

图 7-5

任务二 添加音频特效

Premiere Pro CS4 提供了 20 种以上的音频特效，可以通过特效产生回声、合声以及去除噪音的效果，还可以使用扩展的插件得到更多的控制。

7.2.1　为素材添加特效

音频素材的特效添加方法与视频素材的特效添加方法相同，这里不再赘述。可以在"效果"窗口中展开"音频特效"设置栏，分别在不同的音频模式文件夹中选择音频特效进行设置即可，如图 7-6 所示。

在"音频过渡"设置栏下，Premiere Pro CS4 还为音频素材提供了简单的切换方式，如图 7-7 所示。为音频素材添加切换的方法与视频素材相同。

图 7-6　　　　　　　　　图 7-7

7.2.2　实训项目：为音频添加特效

【案例知识要点】

使用"导入"命令导入视频与音乐文件；使用"特效控制台"面板调整视频的大小；使用"Reverb"特效命令编辑音乐增加一个模仿音频声音；选择"低音"特效命令调整音频的低音部分。为音频加特效效果如图 7-8 所示。

图 7-8

【案例操作步骤】

(1)　启动 Premiere Pro CS4 软件，弹出"欢迎使用 Adobe Premiere Pro"欢迎界面，单击"新建项目"按钮 ，弹出"新建项目"对话框。设置"位置"选项，选择保存文件路径，在"名称"文本框中输入文件名"为音频添加特效"，如图 7-9 所示。单击"确定"按钮，弹出"新建序列"对话框，在左侧的列表中展开"DV-PAL"选项，选中"标准 48kHz"模式，如图 7-10 所示，单击"确定"按钮。

 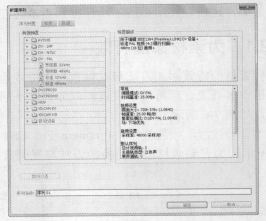

图 7-9　　　　　　　　　　　图 7-10

(2) 选择"文件 > 导入"命令，弹出"导入"对话框，选择素材中的"项目七\为音频添加特效\素材\ 01 和 02"文件，单击"打开"按钮，导入视频文件，如图 7-11 所示。导入后的文件排列在"项目"面板中，如图 7-12 所示。

 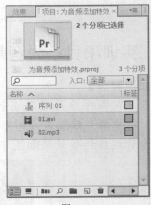

图 7-11　　　　　　　　　　　图 7-12

(3) 在"项目"面板中选中"01"文件并将其拖曳到"视频 1"轨道中，选中"02"文件并将其拖曳到"音频 1"轨道中，如图 7-13 所示。将时间指示器放置在 4s 的位置，在"音频 1"轨道中选中"02"文件，将鼠标指针放在"02"文件的尾部，当鼠标指针呈状时，向前拖曳鼠标到 4s 的位置，如图 7-14 所示。

图 7-13　　　　　　　　　　　图 7-14

(4) 在"视频 1"轨道中选中"01"文件，选择"特效控制台"面板，展开"运动"选项，将"缩放比例"选项设置为 120，如图 7-15 所示。在"节目"窗口中预览效果，如图 7-16 所示。

图 7-15

图 7-16

(5) 选择"窗口 > 工作区 > 效果"命令，弹出"效果"面板，展开"音频特效"分类选项，单击"Stereo"文件夹前面的三角形按钮▷将其展开，选中"Reverb"（混响）特效，如图 7-17 所示。将"Reverb"特效拖曳到"时间线"窗口中的"音频 1"轨道的"02"文件上，如图 7-18 所示。

图 7-17

图 7-18

(6) 选择"特效控制台"面板，展开"Reverb"特效，展开"自定义设置"选项并进行设置，如图 7-19 所示。选择"效果"面板，展开"音频特效"分类选项，单击"Stereo"文件夹前面的三角形按钮▷将其展开，选中"低音"特效，如图 7-20 所示。将"低音"特效拖曳到"时间线"窗口中"音频 1"轨道上的"02"文件上。

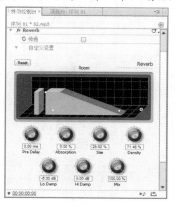

图 7-19

图 7-20

Premiere Pro CS4 视频编辑项目教程

(7) 选择"特效控制台"面板，展开"低音"特效，将"放大"选项设置为 10dB，如图 7-21 所示。为音频加特效制作完成，如图 7-22 所示。

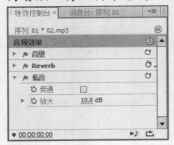

图 7-21

图 7-22

任务三 综合实训项目

7.3.1 制作歌曲 MV

【案例知识要点】

使用"导入"命令导入素材图片；使用"特效控制台"面板制作图片的位置、缩放比例和透明度动画；使用"效果"面板添加视频特效。歌曲 MV 如图 7-23 所示。

【案例操作步骤】

1. 导入图片

图 7-23

(1) 启动 Premiere Pro CS4 软件，弹出"欢迎使用 Adobe Premiere Pro"欢迎界面，单击"新建项目"按钮，弹出"新建项目"对话框。设置"位置"选项，选择保存文件路径，在"名称"文本框中输入文件名"制作歌曲 MV"，如图 7-24 所示。单击"确定"按钮，弹出"新建序列"对话框，在左侧的列表中展开"DV-PAL"选项，选中"标准 48kHz"模式，如图 7-25 所示，单击"确定"按钮。

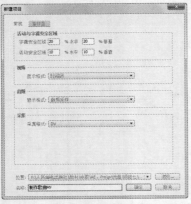

图 7-24

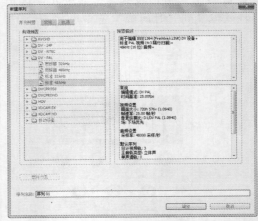

图 7-25

(2) 选择"文件 > 导入"命令，弹出"导入"对话框，选择素材中的"项目七\制作歌曲 MV\素材\01~11"文件，单击"打开"按钮，导入文件，如图 7-26 所示。导入后的文件排列在"项目"面板中，如图 7-27 所示。

图 7-26

图 7-27

(3) 选择"文件 > 新建 > 字幕"命令，弹出"新建字幕"对话框，在"名称"文本框中输入"新年好"，如图 7-28 所示，单击"确定"按钮，弹出字幕编辑面板。选择"文字"工具 T ，在字幕窗口中输入需要的文字，在"字幕属性"面板中设置适当的文字样式，字幕窗口中的效果如图 7-29 所示。

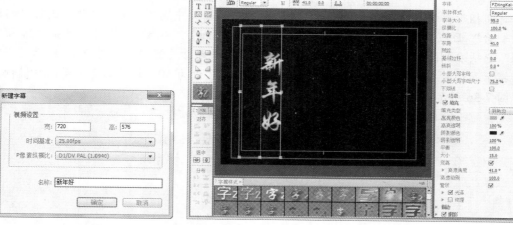

图 7-28

图 7-29

2. 制作文件的叠加动画

(1) 在"项目"面板中选中"01"文件并将其拖曳到"时间线"窗口中的"视频 1"轨道上，如图 7-30 所示。将时间指示器放置在 6:07s 的位置，将鼠标指针放在"01"文件的尾部，当鼠标指针呈 ✛ 状时，向前拖曳鼠标到 6:07s 的位置，如图 7-31 所示。用相同的方法添加其他文件到"时间线"窗口中，并调整到适当的位置上，效果如图 7-32 所示。

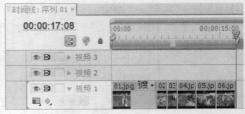

图 7-30   图 7-31   图 7-32

(2) 将时间指示器放置在 0s 的位置，在"时间线"窗口中选择"01"文件。选择"特效控制台"面板，展开"运动"选项，将"位置"选项设为 373.0 和 288.0，"缩放比例"选项设为 120，如图 7-33 所示。在"节目"窗口中预览效果，如图 7-34 所示。

图 7-33   图 7-34

(3) 将时间指示器放置在 6:07s 的位置，在"时间线"窗口中选择"02"文件。选择"特效控制台"面板，展开"运动"选项，将"缩放比例"选项设为 69.1，单击"缩放比例"选项左侧的"切换动画"按钮，记录第 1 个动画关键帧，如图 7-35 所示。将时间指示器放置在 6:20s 的位置，将"缩放比例"选项设为 50，记录第 2 个动画关键帧，如图 7-36 所示。

图 7-35   图 7-36

(4) 将时间指示器放置在 7:18s 的位置。在"时间线"窗口中选择"03"文件。选择"特效控制台"面板，展开"运动"选项，将"缩放比例"选项设为 101，如图 7-37 所示。在"节目"窗口中预览效果，如图 7-38 所示。

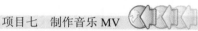

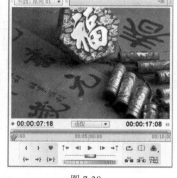

图 7-37　　　　　　　　　　　图 7-38

(5) 将时间指示器放置在 9:03s 的位置，在"时间线"窗口中选择"04"文件。选择"特效控制台"面板，展开"运动"选项，将"缩放比例"选项设为 300.0，"旋转"选项设为-60.0，单击"缩放比例"和"旋转"选项左侧的"切换动画"按钮 ⊙，记录第 1 个动画关键帧，如图 7-39 所示。将时间指示器放置在 11s 的位置，将"缩放比例"选项设为 100.0，"旋转"选项设为 0°，记录第 2 个动画关键帧，如图 7-40 所示。

图 7-39　　　　　　　　　　　图 7-40

(6) 将时间指示器放置在 14:12s 的位置，在"时间线"窗口中选择"06"文件。选择"特效控制台"面板，展开"运动"选项，将"缩放比例"选项设为 90.0，单击"缩放比例"选项左侧的"切换动画"按钮 ⊙，记录第 1 个动画关键帧，如图 7-41 所示。将时间指示器放置在 17:08s 的位置，将"缩放比例"选项设为 30.0，记录第 2 个动画关键帧，如图 7-42 所示。

图 7-41　　　　　　　　　　　图 7-42

(7) 选择"窗口 > 工作区 > 效果"命令，弹出"效果"面板，展开"视频切换"特效分类选项，单击"擦除"文件夹前面的三角形按钮 ▶ 将其展开，选中"软百叶窗"特效，如图 7-43 所示。将"软百叶窗"特效拖曳到"时间线"窗口中的"02"文件的开始位置和"03"文件的结束位置，如图 7-44 所示。用相同的方法在其他位置添加特效，如图 7-45 所示。

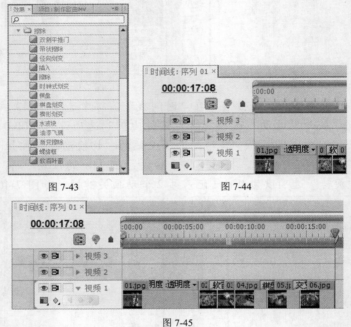

图 7-43   图 7-44

图 7-45

(8) 在"项目"面板中选中"08"文件并将其拖曳到"时间线"窗口中的"视频 2"轨道上，如图 7-46 所示。将时间指示器放置在 17:08s 的位置，将鼠标指针放在"08"文件的尾部，当鼠标指针呈╪状时，向前拖曳鼠标到 17:08s 的位置，如图 7-47 所示。

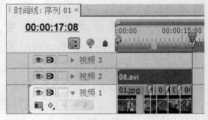

图 7-46   图 7-47

(9) 将时间指示器放置在 5s 的位置，在"特效控制台"面板中展开"运动"选项，将"位置"选项设为 360.0 和 500.0，展开"透明度"选项，将"透明度"选项设为 0%，记录第 1 个动画关键帧，如图 7-48 所示。将时间指示器放置在 6:07s 的位置，将"透明度"选项设为 100%，记录第 2 个动画关键帧，如图 7-49 所示。

(10) 在"效果"面板中，展开"视频特效"分类选项，单击"键控"文件夹前面的三角形按钮 ▶ 将其展开，选中"蓝屏键"特效，如图 7-50 所示。将"蓝屏键"特效拖曳到"时间线"窗口中的"08"文件上。在"特效控制台"面板中展开"蓝屏键"特效，选项的设置如图 7-51 所示。在"节目"窗口中预览效果，如图 7-52 所示。

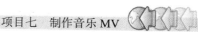

图 7-48

图 7-49

图 7-50

图 7-51

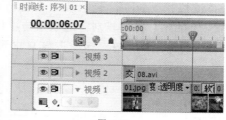

图 7-52

(11) 在"效果"面板中，展开"视频切换"分类选项，单击"叠化"文件夹前面的三角形按钮 ▶ 将其展开，选中"交叉叠化"特效，如图 7-53 所示。将"交叉叠化"特效拖曳到"时间线"窗口中"08"文件的开始位置，如图 7-54 所示。

图 7-53

图 7-54

(12) 在"项目"面板中选中"新年好"文件并将其拖曳到"时间线"窗口中的"视频 3"轨道上，如图 7-55 所示。将时间指示器放置在 6:11s 的位置，将鼠标指针放在"新年好"文件的尾部，当鼠标指针呈 ↔ 状时，向前拖曳鼠标到 6:11s 的位置，如图 7-56 所示。

(13) 在"特效控制台"面板中展开"透明度"选项，单击右侧的"添加/删除关键帧"按钮 ◉，记录第 1 个动画关键帧，如图 7-57 所示。将时间指示器放置在 6:07s 的位置，将"透明度"选项设置为 100%，记录第 2 个动画关键帧，如图 7-58 所示。

图 7-55 图 7-56

图 7-57 图 7-58

(14) 在"项目"面板中选中"07"文件并将其拖曳到"时间线"窗口中的"音频 1"轨道上。将时间指示器放置在 17:08s 的位置,将鼠标指针放在"07"文件的尾部,当鼠标指针呈┿状时,向前拖曳鼠标到 17:08s 的位置,如图 7-59 所示。

图 7-59

(15) 将时间指示器放置在 16s 的位置,在"特效控制台"面板中,单击"级别"选项右侧的"添加/删除关键帧"按钮,记录第 1 个动画关键帧,如图 7-60 所示。将时间指示器放置在 17:08s 的位置,将"级别"选项设为-24.3,记录第 2 个动画关键帧,如图 7-61 所示。歌曲 MV 制作完成,在"节目"窗口中预览效果,如图 7-62 所示。

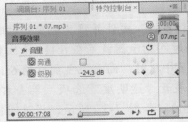

图 7-60 图 7-61 图 7-62

7.3.2 制作卡拉OK

【案例知识要点】

使用"字幕"命令添加字幕和图形；使用"特效控制台"面板制作图片的位置和音频的动画；使用"效果"面板制作素材之间的转场和特效。卡拉OK效果如图7-63所示。

图 7-63

【案例操作步骤】

1. 添加项目文件

(1) 启动 Premiere Pro CS4 软件，弹出"欢迎使用 Adobe Premiere Pro"欢迎界面，单击"新建项目"按钮 📄，弹出"新建项目"对话框。设置"位置"选项，选择保存文件路径，在"名称"文本框中输入文件名"制作卡拉OK"，如图 7-64 所示。单击"确定"按钮，弹出"新建序列"对话框，在左侧的列表中展开"DV-PAL"选项，选中"标准 48kHz"模式，如图 7-65 所示，单击"确定"按钮。

图 7-64

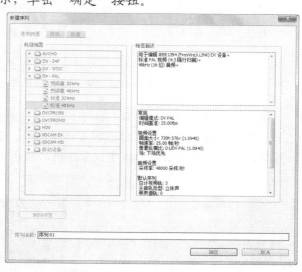

图 7-65

(2) 选择"文件 > 导入"命令，弹出"导入"对话框，选择素材中的"项目七\制作卡拉OK\素材\01~09"文件，单击"打开"按钮导入文件，如图 7-66 所示。导入后的文件排列在"项目"面板中，如图 7-67 所示。

图 7-66

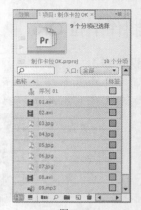

图 7-67

(3) 选择"文件 > 新建 > 字幕"命令，弹出"新建字幕"对话框，选项的设置如图 7-68 所示，单击"确定"按钮，弹出字幕编辑面板。选择"文字"工具 T，在字幕窗口中输入需要的文字，在"字幕属性"面板中设置适当的文字样式，字幕窗口中的效果如图 7-69 所示。用相同的方法制作"字幕 02"。

图 7-68

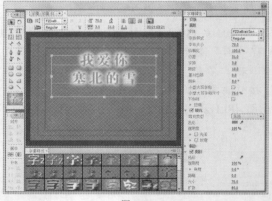

图 7-69

(4) 选择"文件 > 新建 > 字幕"命令，弹出"新建字幕"对话框，选项的设置如图 7-70 所示，单击"确定"按钮，弹出字幕编辑面板。选择"椭圆"工具 ○，在字幕窗口中绘制圆形，在"字幕属性"面板中设置适当的颜色，字幕窗口中的效果如图 7-71 所示。

图 7-70

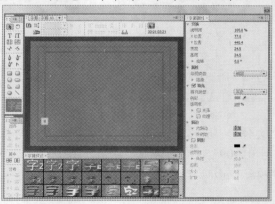

图 7-71

2. 制作文件的透明叠加

(1) 在"项目"面板中选中"01"文件并将其拖曳到"时间线"窗口中的"视频 1"轨道上，如图 7-72 所示。选择"素材 > 速度/持续时间"命令，弹出"速度/持续时间"对话框，选项的设置如图 7-73 所示。单击"确定"按钮，"时间线"窗口如图 7-74 所示。将时间指示器放置在 22:09s 的位置，将鼠标指针放在"01"文件的尾部，当鼠标指针呈╬状时，向前拖曳鼠标到 22:09s 的位置，如图 7-75 所示。

图 7-72

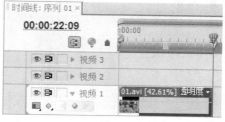

图 7-73

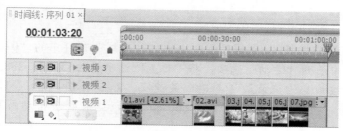

图 7-74　　　　　　　　　　　　　　　　图 7-75

(2) 用相同的方法在"时间线"窗口中添加其他文件，并调整各自的播放时间，如图 7-76 所示。

图 7-76

(3) 将时间指示器放置在 0s 的位置，选中"时间线"窗口中的"01"文件。选择"窗口 > 工作区 > 效果"命令，弹出"效果"面板，展开"视频特效"分类选项，单击"色彩校正"文件夹前面的三角形按钮 ▶ 将其展开，选中"亮度曲线"特效，如图 7-77 所示。将"亮度曲线"特效拖曳到"时间线"窗口中的"01"文件上。

(4) 在"特效控制台"面板中展开"亮度曲线"特效，在"亮度变形"框中添加节点并将其拖曳到适当的位置，其他选项的设置如图 7-78 所示。在"节目"窗口中预览效果，如图 7-79 所示。

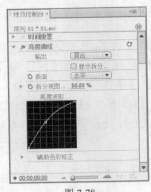

图 7-77　　　　　　　　　　图 7-78　　　　　　　　　　图 7-79

(5) 将时间指示器放置在 37:09s 的位置，选中"时间线"窗口中的"04"文件。在"特效控制台"面板中展开"运动"选项，将"缩放比例"选项设为 110，单击"缩放比例"选项左侧的"切换动画"按钮，记录第 1 个动画关键帧，如图 7-80 所示。将时间指示器放置在 41:17s 的位置，将"缩放比例"选项设为 81，记录第 2 个动画关键帧，如图 7-81 所示。

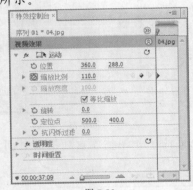

图 7-80　　　　　　　　　　　　　　　　图 7-81

(6) 将时间指示器放置在 51:18s 的位置，选中"时间线"窗口中的"07"文件。在"特效控制台"面板中展开"运动"选项，将"位置"选项设为 50 和 288，单击选项左侧的"切换动画"按钮，记录第 1 个动画关键帧，如图 7-82 所示。将时间指示器放置在 1:03:20 的位置，将"位置"选项设为 660 和 288，记录第 2 个动画关键帧，如图 7-83 所示。

图 7-82　　　　　　　　　　　　　　　　图 7-83

(7) 在"效果"面板中展开"视频切换"分类选项，单击"叠化"文件夹前面的三角形按钮▶将其展开，选中"交叉叠化"特效，如图 7-84 所示。将"交叉叠化"特效拖曳到"时间线"窗口中"01"文件的结束位置和"02"文件的开始位置，如图 7-85 所示。用相同的方法为其他文件添加适当的切换特效，效果如图 7-86 所示。

图 7-84

图 7-85

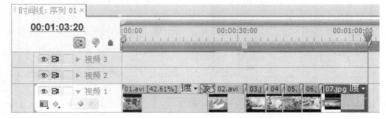

图 7-86

(8) 在"项目"面板中选中"08"文件并将其拖曳到"时间线"窗口中的"视频 2"轨道上，如图 7-87 所示。

图 7-87

(9) 将时间指示器放置在 0s 的位置，选中"时间线"窗口中的"08"文件。在"特效控制台"面板中展开"运动"选项，将"位置"选项设为 271 和 500，"缩放比例"选项设为 70，如图 7-88 所示。在"节目"窗口中预览效果，如图 7-89 所示。

(10) 将时间指示器放置在 10s 的位置。在"特效控制台"面板中展开"透明度"选项，将"透明度"选项设为 0%，记录第 1 个动画关键帧，如图 7-90 所示。将时间指示器放置在 11s 的位置。将"透明度"选项设为 100%，记录第 2 个动画关键帧，如图 7-91 所示。

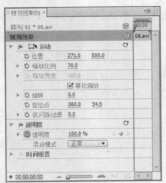

图 7-88

图 7-89

图 7-90

图 7-91

(11) 在"效果"面板中展开"视频特效"分类选项,单击"键控"文件夹前面的三角形按钮▶将其展开,选中"蓝屏键"特效,如图 7-92 所示。将"蓝屏键"特效拖曳到"时间线"窗口中的"08"文件上。在"节目"窗口中预览效果,如图 7-93 所示。

图 7-92

图 7-93

(12) 选择"文件 > 新建 > 序列"命令,弹出"新建序列"对话框,选项的设置如图 7-94 所示。单击"确定"按钮,新建序列 02,时间线窗口如图 7-95 所示。

(13) 在"项目"面板中选中"字幕 03"文件并将其拖曳到"时间线"窗口中的"视频 1"轨道上,如图 7-96 所示。将时间指示器放置在 3s 的位置,将鼠标指针放在"字幕03"文件的尾部,当鼠标指针呈 ↔ 状时,向前拖曳鼠标到 3s 的位置,如图 7-97 所示。

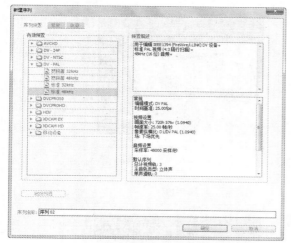

图 7-94

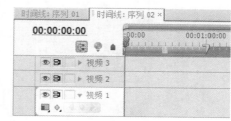

图 7-95

图 7-96

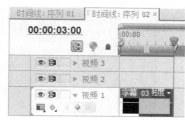

图 7-97

(14) 将时间指示器放置在 1s 的位置，在"项目"面板中选中"字幕 03"文件并将其拖曳到"时间线"窗口中的"视频 2"轨道上，如图 7-98 所示。将时间指示器放置在 3s 的位置，将鼠标指针放在"字幕 03"文件的尾部，当鼠标指针呈 ╫ 状时，向前拖曳鼠标到 3s 的位置，如图 7-99 所示。用相同的方法再次在"视频 3"轨道上添加"字幕 03"文件，如图 7-100 所示。

图 7-98

图 7-99

图 7-100

(15) 将时间指示器放置在 1s 的位置。选中"时间线"窗口中"视频 2"轨道上的"字幕 03"文件。在"特效控制台"面板中展开"运动"选项，将"位置"选项设为 400 和 288，如图 7-101 所示。在"节目"窗口中预览效果，如图 7-102 所示。

(16) 将时间指示器放置在 2s 的位置。选中"时间线"窗口中"视频 3"轨道上的"字幕 03"文件。在"特效控制台"面板中展开"运动"选项，将"位置"选项设为 440 和 288，如图 7-103 所示。在"节目"窗口中预览效果，如图 7-104 所示。

图 7-101

图 7-102

图 7-103

图 7-104

(17) 在"时间线"窗口中选取"序列 01"。在"项目"面板中选中"序列 02"文件并将其拖曳到"时间线"窗口中的"视频 3"轨道中,如图 7-105 所示。选择"序列 > 添加轨道"命令,弹出"添加视音轨"对话框,选项的设置如图 7-106 所示。单击"确定"按钮,在"时间线"窗口中添加 2 条视频轨道。

图 7-105

图 7-106

(18) 将时间指示器放置在 4s 的位置,在"项目"面板中选中"字幕 02"文件并将其拖曳到"时间线"窗口中的"视频 4"轨道上,如图 7-107 所示。在"项目"面板中选中"字幕 01"文件并将其拖曳到"时间线"窗口中的"视频 5"轨道上。将时间指示器放置在 10s 的位置,将鼠标指针放在"字幕 01"文件的尾部,当鼠标指针呈 ┿ 状时,向前拖曳鼠标到 10s 的位置,如图 7-108 所示。

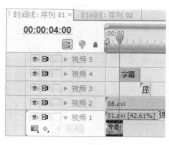

图 7-107

图 7-108

(19) 在"效果"面板中展开"视频切换"分类选项，单击"擦除"文件夹前面的三角形按钮 ▶ 将其展开，选中"擦除"特效，如图 7-109 所示。将"擦除"特效拖曳到"时间线"窗口中的"字幕 01"文件的开始位置。在"时间线"窗口中选取"擦除"特效，在"特效控制台"面板中将"持续时间"选项设为 4s，如图 7-110 所示。

图 7-109

图 7-110

(20) 在"项目"面板中选中"09"文件并将其拖曳到"时间线"窗口中的"音频 1"轨道上。将时间指示器放置在 1:03:20 的位置，将鼠标指针放在"09"文件的尾部，当鼠标指针呈┿状时，向前拖曳鼠标到 1:03:20 的位置，如图 7-111 所示。

图 7-111

(21) 将时间指示器放置在 0s 的位置，在"特效控制台"面板中，将"级别"选项设为-100，记录第 1 个动画关键帧，如图 7-112 所示。将时间指示器放置在 4s 的位置，将"级别"选项设为 0，记录第 2 个动画关键帧，如图 7-113 所示。将时间指示器放置在 1:00:20 的位置，单击"级别"选项右侧的"添加/删除关键帧"按钮◉，记录第 3 个动画关键帧，如图 7-114 所示。将时间指示器放置在 1:03:20 的位置，将"级别"选项设为-200，记录第 4 个动画关键帧，如图 7-115 所示。卡拉 OK 制作完成，在"节目"窗口中预览效果，如图 7-116 所示。

图 7-112

图 7-113

图 7-114

图 7-115

图 7-116

任务四 课后实战演练

7.4.1 音频的剪辑

【练习知识要点】

使用"缩放比例"选项改变视频的大小；使用"编辑附加素材"选项剪切音频文件；使用"显示轨道关键帧"选项制作音频的淡出与淡入。音频的剪辑效果如图 7-117 所示。

图 7-117

7.4.2 使用调音台录制音频

【练习知识要点】

使用"缩放比例"选项改变视频大小；使用"色阶"命令调整视频颜色与亮度；使用"调音台"面板录制音乐。使用调音台录制音频效果如图 7-118 所示。

图 7-118